城市公园景观设计

周斯建　赵印泉　王春建　王艺熹　著

中国建筑工业出版社

图书在版编目（CIP）数据

城市公园景观设计／周斯建等著．—北京：中国建筑工业出版社，2024.5

ISBN 978-7-112-29779-5

Ⅰ．①城…　Ⅱ．①周…　Ⅲ．①城市公园—景观设计　Ⅳ．①TU986.2

中国国家版本馆CIP数据核字（2024）第082521号

责任编辑：刘婷婷
文字编辑：冯天任
责任校对：赵　力

城市公园景观设计
周斯建　赵印泉　王春建　王艺熹　著
*
中国建筑工业出版社出版、发行（北京海淀三里河路9号）
各地新华书店、建筑书店经销
北京建筑工业印刷有限公司制版
廊坊市海涛印刷有限公司印刷
*
开本：787毫米×1092毫米　1/16　印张：10 1/4　字数：197千字
2024年5月第一版　2024年5月第一次印刷
定价：**45.00**元
ISBN 978-7-112-29779-5
（42815）

前　言

我国城市建设经历了山水城市、园林城市、生态城市、海绵城市、森林城市等多种发展模式。随着我国城市建设阶段从快速扩张到提质增效的转变，2018 年，习近平总书记在成都天府新区调研时提出了“公园城市”的发展理念，为新时期我国城市园林建设指明了方向。城市公园是城市的会客厅，是城市生态系统的重要组成部分，是人与人交往的开放空间，是传承历史文化的重要承载。近年来，在“公园城市”发展理念指引下，城市公园建设的思想和行动发生了巨大变革，更加强调以人民为中心，更加重视人民的福祉，更加体现公平、公共、共享的发展理念。

基于此，本书采用分类汇总法对城市公园景观设计理论进行总结，采用溯源追踪法对各类公园的起源发展进行归纳，采用分析法对典型的公园景观设计案例特点和经验启示进行分析。第一部分（第 1～2 章）为基础理论，较为系统地分析了城市公园起源、发展与演变历程，辨析了公园城市的内涵与特点，阐述了城市公园中“公”与“园”特征，梳理了城市公园绿地景观设计规范、原则、方法与技术体系。第二部分（第 3～10 章）为各类公园案例，系统阐述了各类公园的概念、发展、分类和功能特点等，总结了设计的原则、方法与技术，并分析了典型案例的设计背景、目标、策略、细节，以及对当代的经验启示。

由于世界各国的公园分类体系不一，土地利用性质差异较大，各类公园无法统一归类。因此，在阐述各类公园的简史和案例部分，书中以我国行业标准《城市绿地分类标准》CJJ/T 85—2017 为基础，“公园”案例的选择，是依据“公园”的特征、功能、服务人群、服务面积等综合考虑，如伦敦湿地中心（London Wetland Centre），具备了城市湿地公园的内涵和特征，将其纳入到城市湿地公园的内容。此外，为了突出国家最新的政策导向，书中将口袋公园代替游园作为一种新型的公园类型进行了论述。因此，书中的公园具有“泛公园”的概念，更好地突显公园城市的建设理念。

参与撰写人员：周斯建、赵印泉、王春建、王艺熹、干乐媛、宋海云、张思羽、王瑶、王雯雯、王海纳、祁嘉颖、李一帆、向纪娇、曹正、林宇航、张洁、程媛媛、黄丽婷、孙强、孙山富、梁倍淋、张从龙、李祥。

本书在撰写过程中，引用了国内外众多学专家、学者、网站的研究成果、文献资料以及照片，对此谨致谢意。由于作者学识所限，书中难免有所疏漏和不足之处，敬请读者、业内专家学者指出。

目　　录

第1章

城市规划与城市公园

1.1 城市规划的理论

1.1.1 国外城市规划理论

1. 空想社会主义城市

在西方，“文明”(Civilization)一词来自拉丁文“Civils”，是“城市”“国家”“公民”的意思，城市的诞生是人类文明的重要成就。从16世纪开始，一些欧洲的社会人士针对资本主义制度产生的社会弊病，提出了各种社会改良的设想。其中以乌托邦运动影响最大，发展和形成了许多城市规划新理念，如康帕内拉的“太阳城”、傅立叶的“理想城市”、欧文的“新协和村”等，这些思想明确了城市建设的目标是为公众提供良好的生态环境和健康的生活方式，为后来的“田园城市”“卫星城市”等规划理论奠定了基础。

2. 城市公园运动

随着城市化和工业化发展，人口密集和工业污染导致城市环境受到严重破坏，人与自然的关系产生了对立和冲突。日益严重的城市问题唤醒了西方先哲们对于城市的人文关怀，从此开始了漫长的探索之路，以实现“让城市回到自然中去”的伟大理想。1833年，英国议会颁布了一系列法案，开始允许动用税收建造城市公园。1843年，英国利物浦市建造了第一个公众可免费使用的公园——伯肯海德公园（Birkenhead Park），标志着城市公园的正式诞生。1851年，纽约州议会通过了《公园法》；1873年，纽约中央公园在曼哈顿岛建成，中央公园从生态视角将自然引入到城市，提高了城市的经济、社会和美学价值，继而在全美掀起了城市公园运动。

3. 田园城市

19世纪末20世纪初，美国一些有识之士对城市与自然的关系开始反思。1898年，霍华德（Ebenezer Howard）出版了《明日：一条通向真正改革的和平道路》（Tomorrow: A Peaceful Path to Real Reform），提出“田园城市”（Garden City）是解决城市生态环境和社会问题的“万能钥匙”，强调了在城市中建设公园与绿地的原则。在这一思想指导下，英国于1908年建造了第一座田园城市莱奇沃斯（Letchworth），1924年建造了第二座田园城市韦林（Wellwyn）。霍华德的田园城市理论对世界大多数国家的城市规划产生了重大而深远的影响。

在田园城市思想基础上，霍华德的追随者恩温（Unwin）于1922年出版了《卫星城镇的建设》（The Building of Satellite Town），提出了卫星城的概念，并将这种理论运用于大伦敦的规划实践，提出在伦敦建成区之外设置一条宽约5km的“绿带”，并结合“卫星城镇”控制中心城的扩展、疏散人口位。

4. 明日城市

1922年，勒·柯布西耶（Le Corbusier）出版了《明日之城市》（The City of Tomorrow and Its Planning），全面地阐述了未来城市的设想，主张充分利用高层建筑空间，建设立体的花园城市。采用高容积率、低建筑密度来达到疏散城市中心、改善交通、为市民提供公园、绿地、阳光和空间，是这一规划方案所追求的目标。1925年，勒·柯布西耶为巴黎中心区设计的改建规划就体现了这一思想。

5. 雅典宪章

1933年，国际现代建筑协会（Congress International Architecture Modern，CIAM）第四次会议在雅典召开，会议通过了由勒·柯布西耶起草的《雅典宪章》。宪章通过对城市问题的全面分析，提出了以人为本的城市功能分区思想，将城市功能分为居住、工作、游憩和交通四类基本功能，明确提出在城市中营建公园、运动场和儿童游乐场等户外空间，要求把城市附近的河流、海滩、森林、湖泊等自然景观开辟为大众使用的公共绿地。

6. 邻里单位

1929年，美国建筑师佩里（Clarence Perry）在编制纽约区域规划方案时，对“邻里单位”（Neighborhood Unit）的概念作了详细解释，并收录在《邻里单位：来自纽约及其环境的区域调查》（The Neighborhood Unit: From the Regional Survey of New York and Its Environs）。在美国社区运动的影响下，佩里的工作伙伴斯泰因（Clarence Stein）按照“邻里单位”理论模式，提出应当为社区提供小公园和娱乐空间系统，以满足邻里的需要，并于1929年在美国新泽西州雷德伯恩新城进行了规划实践，邻里单位的规划布局模式被称为“雷德伯恩体系”。

7. 城市绿色革命

1971 年，联合国召开了人类与生物圈计划（MAB）国际协调会，1972 年 6 月，在斯德哥尔摩召开了第一次世界环境会议，会议通过了《人类环境宣言》，全球环境保护运动日益扩大和深入，以追求人与自然和谐共处为目标的“绿色革命”正在世界范围内蓬勃展开。1977 年，国际建筑师协会发表《马丘比丘宪章》，提出“建筑－城市－园林的统一”，推动了城市与自然环境的协调发展。1978 年，美国西蒙兹（J.O.Simonds）在著作《大地景观：环境规划设计手册》提出在农用、城市植被和城市土地框架中建立“全新景观”，成为环境规划和景观设计的指南。1987 年，他的著作《景观设计学：场地规划与设计手册》提出城市环境保护规划理论，提倡区域绿色空间连续性，有效保护城市生物多样性。

8. 城乡区域生态

西方早期的城市规划理论中，已经大量涉及城乡关系的观点，如美国的刘易斯 • 芒福德（Lewis Mumford）从保护人居环境系统中的自然环境出发，提出城乡关联发展的重要性；美国的赖特（H. Wright）及斯泰因（C. Stein）等提出的与自然生态空间相融合的区域城市（Regional City）模式和“广亩城市”都主张城乡整体的、有机的、协调的发展模式（王振亮，2000）。21 世纪城市绿地重视区域生态特征，建立城市与周围环境融为一体的区域生态系统，追求人与自然和谐，生态、经济及社会功能最佳的城市区域绿色生态网络。

1.1.2　我国城市规划理论

在我国古代文献中，“城”是指有防御性围墙的地方，多以扼守交通要冲或防守军事据点、要塞为主；“市”则是指商品交换之所。随着工业化发展和城市的扩大，我国城市化进程中面临着诸多社会、环境问题的挑战。为此，社会各界为城市的可持续发展进行了积极的探索。

1. 山水城市

山水城市是我国著名的科学家钱学森先生，依据我国传统文化和地域特征，于 20 世纪 90 年代提出的一种城市理想生活环境模型。山水城市的市民生活在园林之中，既能坐享山林之乐，也能享受现代物质文明。山水城市是将我国古人的“山水自然观”与“天人合一的哲学观”有机融为一体的现代城市发展理念，为我国描绘了一幅兼具中国传统文化、古典园林和绘画艺术的理想城市居住环境。

2. 园林城市

改革开放后，我国城市建设进入快速发展阶段，为保障城市发展与环境保护，引导城市建设从环境美化向环境综合治理转变，各地相继实施“绿化达标”“绿化先进单位”等评选。各地依托城市的山水骨架，节约利用自然资源，改善城市生态，实施分级绿化，形成独有城市风貌，促进了城市绿化建设（孙薇，2004）。自1992年起，我国开始推广创建园林城市的行动，以住房和城乡建设部颁布的《国家园林城市评选标准》为依据，规定了园林城市的评定需要达到城市绿地分布均衡、结构合理、功能完善、景观优美，以及人居生态环境清新舒适等37项指标，截至2019年，我国已有455个城市获得“国家园林城市”称号。

3. 宜居城市

2001年，清华大学吴良镛先生提出“宜居城市”理念。规划将山水格局保护、宜居环境需求作为重点，纳入城市规划，运用山水人文哲学智慧和传统园林营造手法，求解城市发展带来的问题，打造具有中国文化特色，且满足居民需求的城市绿地，构建以人为核心的城市绿色发展模式。

4. 森林城市

2004年，全国绿化委员会、国家林业局开展了“国家森林城市”评选。其基本理念可以概述为“森林围城、林园入城”。依据《国家森林城市评价指标》和《国家森林城市申报办法》，森林城市是指城市生态系统以森林植被为主体，城市生态建设实现城乡一体化发展，各项建设指标达标并经国家林业主管部门批准授牌的城市。“森林城市”侧重于在城市中广植乔木，加大绿化面积，营建丰富完备的绿地系统，使城市具有像自然森林所具有的良好而稳定的生态系统。截至2022年，全国有219个城市获得“国家森林城市”称号。

5. 生态园林城市

在我国园林城市实施了10多年后，城市绿地的生态效益突出。2004年，建设部启动国家生态园林城市创建工作，它是国家园林城市的升级版。生态园林城市建设更注重城市生态环境质量，增加了衡量地区生态保护、生态建设与恢复水平的综合物种指数、本地植物指数、建成区道路广场用地中透水面积的比重，以及公众对城市生态环境的满意度等评估指标。生态园林城市建设根本目的在于落实以人为本、全面协调可持续的科学发展观。截至2019年，我国已有19个城市获得“国家生态园林城市”称号。

6. 海绵城市

海绵城市是城市雨洪管理的新理念，是指城市在适应环境变化、应对降雨导致的自然灾害时，能够像海绵一样具有良好的弹性，也称为“水弹性城市”。海绵城市是基于雨水综合利用的理论与技术，通过人工手段恢复城市生态水循环系统，解决城市水资源紧缺引发的旱涝问题。2014年，住房和城乡建设部出台了《海绵城市建设技术指南》；2015年，全国遴选了厦门等16个城市进行了海绵城市建设试点；2016 年，全国又遴选了北京等 14 个城市；2022 年，遴选了秦皇岛市等 25 个系统化全域推进海绵城市建设示范城市。

无论是国外的“田园城市”“明日城市”，还是我国的“山水城市”“园林城市”，都是人类探寻人与自然和谐共生的城市可持续发展路径。

1.1.3　公园城市规划理论

1. 公园城市产生的背景

2012 年，党的十八大将生态文明建设纳入中国特色社会主义事业“五位一体”总体布局，将“美丽中国”确定为生态文明建设的远景目标，全面践行绿水青山就是金山银山的生态理念。当前，我国经济从高速发展阶段转向了高质量发展新阶段，人民期盼有更舒适的居住条件、更优美的生活环境和更丰富的精神文化生活，这对城市人居环境提出了更高要求。从生态文明和人居环境的视角来看，“人民美好生活需要”既是人们对于生态环境的持续性关注，也是城市绿色发展的新标准（韩若楠等，2020）。2018 年 2 月，习近平总书记在四川成都天府新区视察时，提出将“公园城市”作为体现新发展理念的城市建设模式，开启了我国经济社会高质量发展与生态环境高水平保护协同并进的现代化城市绿色发展新范式（彭楠淋等，2022）。

2. 公园城市的内涵

在习近平生态文明思想指导下，公园城市发展模式是对工业城市发展模式的根本变革，是对推进生态文明建设的创新探索与科学实践。它以人民为中心、以优美的生态环境为本底、以人口密集的城市为载体、以实现区域可持续发展为目的。它既是以健全的生态系统为依托所塑造出的现代新型城市，也是实现生态效益、经济效益和社会福利和谐统一的有机体。

成都市公园城市建设领导小组在 2019 年出版的《公园城市：城市建设新模式的理论探索》中认为：公园城市是将公园形态与城市空间有机融合、生产生活生态空间相宜、自然经济社会人文相融的复合系统，是人、城、境、业高度和谐统一的现代化城市建设新模式，本质是构筑山水林田湖城生命共同体，以实现新时代城市社会、经济、生态建设中的可持续发展。

3. 公园城市的特征

公园城市建设促进了城市发展从单一要素向综合要素的转变。公园城市作为城市建设的新理念，突破了传统的城市发展单纯追求经济价值的模式，突出了以人民为中心的价值观，全面彰显了城市的时代特色，即绿水青山的生态价值，诗意栖居的美学价值，以人为本的人文价值，绿色低碳的经济价值，简约健康的生活价值和美好生活的社会价值。

良好生态环境是最公平的公共产品，公园城市建设作为一项民生福祉工程，积极突出了“公”字的人民属性和公共特征。通过协调优化民众、城市、公园三者关系，打造面向公众、开放共享的高品质人居环境，以满足人民日益增长的美好生活需求。公园城市不再是从美化城市的单一角度去营建绿地空间，而是以人民为中心的发展思维，满足城乡居民不同层次的需求（王军等，2020）。

公园城市建设突出了构建山水林田湖草沙生命共同体。公园城市是多领域、多类型的综合绩效集成，强化生态价值的彰显与转化。将“城市中的公园”提升为“公园中的城市”，强调将城市绿色开放空间系统、建成区外围的城乡生态格局等共同作为一个完整的绿色基础设施，为人居环境建设提供公共服务载体和绿色支撑平台。公园城市以实现新时代城乡融合、自然和城市高度和谐统一的空间体系为建设目标（李雄，2018），打破了城市绿地服从于传统城市总体规划中“建设优先、绿地填空”的被动局面，将城市建设最终融入到“自然－城市－乡村”的全域公园城市综合体系中（张云路，2020）。

公园城市建设模式强化了从“建设城市”到“经营城市”的转变。公园城市不仅是建设“公园中的城市”和“城市中的公园”，更是以生态环境营造为引领，统筹生产、生活、生态共同发展，以公园理念经营城市，推动城市高质量发展，不断引领城市治理模式的现代化和全面深化改革，最终实现以绿色经济为导向的公园城市产业体系，全面绿色、低碳的生产生活方式转型（李晓江等，2019）。

4. 公园城市建设的意义

1）公园城市是对经典城市规划理念的传承与拓展

在工业文明的语境下，城市人口的迅速增长导致城市生态环境受到严重破坏，人与自然的关系也逐步从协调转向对立和冲突。公园城市借鉴了“山水城市”“田园城市”等经典理论，延续中国城市的发展脉络，吸收了“园林城市”“森林城市”和“生态城市”的发展特色，更加强调了“公共”与“公平”的思想（成实等，2018），通过优化城乡生态格局，统筹构建山水林田湖草沙生命共同体，形成“人、城、境、业”和谐统一的“中国方案”。

2）公园城市是顺应人与自然和谐共生的产物

城市发展的本质是人类对自然环境占有和改造的过程，也是人类对自然环境的认识与适应过程。在传统城市发展中，强调以产业集聚推动城市发展，引导产业布局、空间布局、社会发展，实现城市快速发展。在生态文明语境下，公园城市是对工业城市的深刻反思，是对人与自然关系的重塑，强调“顺应自然、尊重自然”，实现人与自然和谐共生。公园城市以人民为中心，注重人与自然和谐发展，集聚

“绿水青山”“多元共治”“绿色低碳”等多元化价值要素，为生态文明建设的实施指明了方向。

3）公园城市是改善生态环境增进民生福祉的引领

生态环境是关系民生的重大社会问题，民生福祉是政府重点工作。公园城市的发展蕴含着“人与自然和谐共生”生态价值观，牵引着公园城市摒弃工业文明时代的粗放型发展模式，打破了工业发展逻辑对生态价值的认知局限，使生态价值成为增进人民福祉的原动力。

1.2　城市公园的概念

不同国家、地区对城市公园的界定有所不同，但总体而言，城市公园应具备以下几个方面的特征：

（1）城市公园是城市绿地的一种类型；

（2）主要服务对象是城市居民及游客；

（3）具有休闲、游憩、娱乐、防灾、社交、生态、美化、科普教育等功能；

（4）具有公共开放空间属性。

1.2.1　国外城市公园概念

美国的公园概念：公园是由公园（包括公园以外的开放绿地）、公园道和绿道所组成的系统。它通过线性绿地将公园绿地进行有效连接，以达到保护生态系统、引导城市良性开发、提高生活舒适性的目标。

欧洲的公园概念：公园是为城市居民提供公众社交、聚会、休闲、娱乐、运动与教育等活动的一种城市新型公共休闲空间，公园不分种族、等级、性别和年龄，市民均可以自由而免费出入。

日本的公园概念：是指能够为市民提供户外休养、保健、娱乐、运动等娱乐休息空间，同时也具备地震、火灾，以及其他公共灾害时的避难功能，并兼具游戏、观赏、教育和净化大气等功能的绿地（崔柳，2006）。

1.2.2　我国城市公园的概念

根据《中国大百科全书：建筑园林城市规划》的解释，公园（public park）是城市公共绿地的一种类型，由政府或公共团体建设经营，为公众提供游憩、观赏、娱乐等活动空间。根据《风景园林基本术语标准》CJJ/T 91—2017 第 2.0.8 条及条文说明，公园是公园绿地的一种类型，是城市绿地系统的重要组成部分，一般是指面积较大、绿化用地比例较高、设施较为完善、服务半径合理、通常有围墙环绕、设有公园一级管理机构的绿地。根据《城市绿地分类标准》CJJ/T 85—2017 第 2.0.4 条及条文说明，公园绿地是指城市中向公众开放，以游憩为主要功能，有一定的游憩设施和服务设施，同时兼有健全生态、美化景观、科普教育、应急避险等综合作用的绿化用地。《公园设计规范》GB 51192—2016 规定：公园是指向公众开放，以游憩为主要功能，有较完善的设施，兼具生态、美化等作用的绿地。它属于城市建设用地，是城市绿地系统和城市绿色基础设施的重要组成部分，是表征城市环境水平和居民生活质量的一项重要指标。

1.3 城市公园的类型

1.3.1 国外城市公园分类

1. 美国城市公园分类

美国城市公园分类标准参照美国国家游憩和公园协会（National Recreation and Park Association，NRPA）制定的公园、游憩、公共空间和绿道指南。公园的分类依据公园的服务标准、水平，以及面积，同时兼顾使用目的。指南建议城市每千人至少要拥有设施较完善、面积 2.53～4.25hm^2 之间的公园绿地，将城市公园分为迷你公园或口袋公园、邻里公园、社区公园、区域公园、专类公园、学校公园、自然保护区、绿色廊道、公园路，以及私有游憩场地。其中迷你公园、邻里公园、社区公园、区域公园是城市公园主要的类型（张梦佳，2018）。

2. 德国城市公园类型

德国的城市公园类型是依据公园的功能而划分，主要分为森林公园、国民公园、运动场及游戏场、广场、花园路、郊外绿地、运动设施、分区园 8 类。

3. 日本城市公园类型

根据日本《自然公园法》《城市公园法》《城市公园新建改建紧急措施法》《第二次城市公园新建改建五年计划》等法规和政策，将公园分为自然公园和城市公园两大类。城市公园按照功能分为儿童公园、邻里公园、地区公园、综合公园、运动公园、广域公园、风景公园、植物园、动物园、历史名园，明确了公园服务半径、服务人口等。如儿童公园的服务半径为 500m，在服务半径内每万人可设置 1 个儿童公园。邻里公园服务半径为 500m，每 3 万人设置 1 个。地区公园服务半径为 1000m，每 10 万人设置 1 个（李永雄，1996）。

1.3.2　我国城市公园分类

我国现行城市公园分类行业标准是《城市绿地分类标准》CJJ/T 85—2017，该标准对城市公园按照大类、中类和小类进行了三级分类，见表 1-1。该标准主要按各种公园绿地的功能进行划分，不同类型的公园绿地有不同的规划、设计、建设及管理要求。

1. 综合公园

综合公园是指内容丰富，适合开展各类户外活动，具有完善的游憩和配套管理服务设施的绿地。一般综合公园规模下限为 $10hm^2$，考虑到某些山地城市、中小规模城市等由于受用地条件限制，城区中布局大于 $10hm^2$ 的公园绿地难度较大，为了保证综合公园的均好性，可结合实际条件将综合公园下限降至 $5hm^2$。

2. 社区公园

社区公园是指"用地独立，具有基本的游憩和服务设施，主要为一定社区范围内居民就近开展日常休闲活动服务的绿地"，规模宜在 $1hm^2$ 以上。

3. 专类公园

专类公园是指具有特定内容或形式，有相应的游憩和服务设施的公园绿地。包括动物园、植物园、历史名园、遗址公园（工业遗址公园）、游乐公园、其他专类公园，如儿童公园、体育健身公园、滨水公园、纪念性公园、雕塑公园、城市建设用地内的风景名胜公园、城市湿地公园和森林公园等，绿化占地比例宜大于或等于 65%。

4. 游园

游园是指除了综合公园、社区公园、专类公园外，规模较小、零星分布、形式多样、设施简单的公园绿地，对建设规模不作下限要求。考虑到游园的生态廊道效应、景观服务功能需求，一般要求带状游园的宽度宜大于 12m。

表 1-1　城市绿地分类标准

类别代码			类别名称	内容	范围与备注
大类	中类	小类			
G1			公园绿地	向公众开放，以游憩为主要功能，兼具生态、景观、文教和应急避险等功能，有一定游憩和服务设施的绿地	—
	G11		综合公园	内容丰富，有相应设施，适合于公众开展各类户外活动的规模较大的绿地	规模宜大于 $10hm^2$
	G12		社区公园	用地独立，具有基本的游憩和服务设施，主要为一定社区范围内居民就近开展日常休闲活动服务的绿地	规模宜大于 $1hm^2$

续表

类别代码			类别名称	内容	范围与备注
大类	中类	小类			
G1	G13		专类公园	具有特定内容或形式，有相应的游憩和服务设施的绿地	—
		G131	动物园	在人工饲养条件下，移地保护野生动物，进行动物饲养、繁殖等科学研究，并供科普、观赏、游憩等活动，具有良好设施和解说标识系统的绿地	—
		G132	植物园	进行植物科学研究、引种驯化、植物保护，并供观赏、游憩及科普等活动，具有良好设施和解说标识系统的绿地	—
		G133	历史名园	体现一定历史时期代表性的造园艺术，需要特别保护的园林	—
		G134	遗址公园	以重要遗址及其背景环境为主形成的，在遗址保护和展示等方面具有示范意义，并具有文化、游憩等功能的绿地	—
		G135	游乐公园	单独设置，具有大型游乐设施，生态环境较好的绿地	绿化占地比例应大于或等于65%
		G139	其他专类公园	除以上各种专类公园外，具有特定主题内容的绿地。主要包括儿童公园、体育健身公园、滨水公园、纪念性公园、雕塑公园以及位于城市建设用地内的风景名胜公园、城市湿地公园和森林公园等	绿化占地比例宜大于或等于65%
	G14		游园	除以上各种公园绿地外，用地独立，规模较小或形状多样，方便居民就近进入，具有一定游憩功能的绿地	带状游园的宽度宜大于12m；绿化占地比例应大于或等于65%

1.4 城市公园的功能

1993年，国际公园与游憩管理联合会（IFPRA）亚洲太平洋地区大会在日本茨城县召开，大会提出公园不仅应该满足居民游憩需要，还应向人们宣传公园在维护城市生态系统平衡，缓解社会、经济、人口增长引发的环境压力方面具有的重要作用。政府及相关部门应向市民宣传城市公园具有的社会服务价值、生态服务价值、环境保护价值、历史文化价值、游览休闲价值、美学价值、社会经济价值等多重价值，为公园的保护与可持续发展创造有利的条件。

1.4.1 社会服务功能

城市公园为居民提供了各类社会交往空间，能够满足城市居民的健康运动、休闲娱乐、休憩庇护、游览赏析等社会活动需求，使人感到心情愉悦、缓解城市快节奏生活带来的压力，改善居民的身体健康、心理健康、社交健康。

1. 健康运动功能

公园为居民提供了大量户外活动空间，随着市民健康意识增强，全民健身运动深入人心，为了响应社会需求，公园相关规范、指南、导则都对运动设施、活动场地提出了具体要求，以满足人们的日常运动与锻炼。

2. 休闲娱乐功能

休闲娱乐是城市公园提供的最主要、最直接的功能。城市公园通过开辟茶室、棋牌室、舞蹈等活动场所，为市民提供休闲娱乐、放松消遣的空间。

3. 休憩庇护功能

公园是市民户外活动的集散点，既有开放性，又有遮蔽性。亭、廊、棚架、膜结构等庇护场所邻近市民步行活动路线，易于通达。这些庇护场所对流浪者等弱势群体尤其重要，体现城市的人文关怀。

4. 游览赏析功能

游览赏析是城市公园基本功能，公园内的花草树木等景观能够美化环境，令人赏心悦目，硬质景观也为周边市民的观赏游览提供了便利。

5. 社交活动功能

公园为市民提供日常交往的空间，如广场跳舞、相亲一角、动物爱好者交流空间，通过举办花卉节、音乐节、美食节等主题活动，吸引了大量市民前往，使公园成为不同人群社会交往的重要场所，为公园的发展注入活力。

1.4.2 生态服务功能

公园是城市生态环境建设的重要组成部分，是城市的净化器，在保持水土、涵养水源、降低热岛、吸污滞尘、碳氧平衡、净化空气、蓄水防洪，以及维护生态平衡中具有不可替代的作用。

1. 保持水土、涵养水源

公园的植物通过树冠、树干、枝叶阻截天然降水，缓和天然降水对地表的直接冲击，从而减少土壤侵蚀。乔木树冠高大、郁闭度大、截流雨量能力强；草坪通过致密的根系形成纤维网络，加固土壤，能有效防止土壤被冲刷流失；枯枝落叶和结构疏松、孔隙度高的林下土壤具有很强的蓄水能力。

2. 降低热岛效应

热岛效应是指城市因大量的人工发热体和高蓄热体，造成城市中心气温比相邻郊外气温高的自然现象。公园绿地能够明显降低环境温度，并增加环境湿度，从而降低热岛效应。

3. 吸污滞尘

城市近空的可吸入颗粒物污染对人们的健康造成了极大危害，公园的植物能够滞留大气中的粉尘，有效减少、消除空气中的粉尘等颗粒物，对改善空气质量具有重要作用。

4. 碳氧平衡、净化空气

公园的植物通过光合作用和呼吸作用，维持了城市生物圈中碳氧平衡。在光合作用和呼吸作用的过程中，植物通过气体交换吸收部分有害气体，通过生理、生化反应，将有毒物质积累、降解、排出，从而达到净化大气的目的。

1.4.3 文化教育功能

1. 自然与环境科普教育

公园是市民接触自然的重要渠道，在公园里，人们可以通过观察认识动物和植物的外貌特点、习性、生长特点，培养保护动植物的良好习惯，提高对环境的保护意识，实现自然环境的日常科普教育。

2. 城市形象展示

公园中大量植物、动物和水体构成了具有自然特性的活动场所，造型独特的园艺景观、丰富的季相景观、各具特色的园林景观等美化、绿化、彩化了城市环境，营造美好的城市形象。

3. 地方文化传播

公园是城市文化建设的重要载体和传播渠道，承担着精神文明建设的重要任务。公园的历史文化遗址与人文艺术景观等都包含有各种文化要素，是城市文明的一个缩影。

1.4.4 防灾避灾功能

1. 防灾避险的场地

公园是城市防灾规划重要组成部分，公园内的大面积公共开放空间，是城市的防火、防灾、避难场地。在灾害发生时，公园可作为救援直升机的降落场地、救灾物资的集散地、救灾人员的驻扎地及临时医院所在地、灾民的临时住所。

2. 安全隔离带

公园的部分植物具有较强的防火能力，可以形成安全隔离带，如刺槐、青杨、火炬树、紫穗槐、五角枫、黄连木等，可在一定程度上减缓火势蔓延。

1.4.5 社会经济功能

1. 带动地方经济发展

公园作为城市的绿色空间，对带动社会经济发展具有作用，它能提升周边地区的地价，并使不动产升值，从而推动该区域的经济和社会的发展。

2. 促进旅游业发展

公园是城市旅游的重要资源，可以吸引外来的游客。在各大公园举行的大型活动促进了旅游业的发展，如纽约中央公园、成都东郊记忆公园等。

1.5 城市公园的起源与发展

1.5.1 国外城市公园起源与发展

世界造园距今已有 6000 多年的历史，而公园建设是在近一二百年才出现。城市公园建设经历了从庄园（Garden）到城镇公地（Commons），再到公园（Park）的演变历程，也是绿色空间从“私人空间”向“公共空间”，绿地由私人土地到公共土地的转变过程。

在古代，庄园主要是人们从事花木、水果、蔬菜等活动的场所，是为少数特权统治阶级使用的“私园”，如皇家园林、宗教园林、贵族庄园等。受到社会经济文化的影响，庄园逐渐发展形成了各种流派。到了中世纪，英国的许多城镇开始有公共用地供居民集体使用，开展蹋球、游戏等体育娱乐活动。16 世纪，受到文艺复兴以及法国大革命的影响，欧洲各国皇室逐渐将皇家园林对外开放，允许社会上层人士使用（李韵平，2017）。到了 17、18 世纪，一些公共用地逐渐开放，成为人们社交、散步的好去处。

城市公园起源于英国，城市管理者认为公园能够有效改善环境，提高公众健康，是解决“城市病”的有效方式。1843 年，英国利物浦政府首次使用公共资金，为公众建造了可免费使用的伯肯海德公园，并由政府承担公园的维护管理，是世界上第一个城市公园（李韵平，2017）。城市公园成熟于美国。1873 年，随着纽约中央公园的正式完工，身处闹市的纽约市民和游客获得了休闲场所和精神家园，对世界城市公园发展产生了深远的影响。

1. 英国城市公园

18世纪中叶，随着英国工业革命的进程，城市人口急剧增长，用地不断扩张，大量的自然环境遭到破坏，城市居民的生活环境变得非常恶劣，出现了严重的“城市病”，严重影响了公众的健康。1833年，英国皇家委员会提出了大规模建设公共空间的建议。1838年，英国议会通过了法令，要求所有新的城市建设中须留出足够的开敞空间，满足居民的锻炼和娱乐需求，这些空间被称为“公共花园”和“公园”（孟刚，2005），这是现代城市公园最早的雏形。在这个时期，公园的用地、建造及维护主要是源自慈善家的捐赠、门票收入，以及公众的捐款。公园建成后，交由私人的委员会来进行管理，尽管可以向公众开放，但公园的进入权归私人所有，虽然部分公园免费开放，但民众的行为会受到严格的管束（Elliott P A，2001）。

1859年，英国议会出台了《娱乐地法》，允许地方政府为建设公园征收地方税，从此英国开始了大规模的城市造园运动，维多利亚时代（1837—1901年）的公园建设引领了世界公园建设潮流，推动了世界公园的发展。

1847—1970年，政府主导、自上而下、福利主义色彩的政策模式迅速提升了英国城市公园的数量和质量（唐斌等，2021），并逐步构建起了以城市公园和自然公园为主的公园体系，有效解决了许多城市问题，其中以伦敦的摄政公园群最有代表性（赵晶，2014）。摄政公园群主要分为2个部分，北端为摄政公园，南端是圣•詹姆斯公园和绿园，两者由摄政街串联。摄政公园群的建设影响了伦敦城市西部的功能分区，沿轴线产生了金融和商业区，围绕公园形成了居住区，从而影响了城市的发展。

1970—1997年，“二战”后英国经济下行，政府大规模压缩了公共开支，将公共空间的投入转向了乡村建设和郊野公园建设，公园预算大规模减少，城市公园发展受到制约。2016年，遗产彩票基金发布的《英国公园状态》引发了公众的担忧，随后社区与地方政府委员会对公园的价值、挑战和可持续性进行了辩论，促使地方政府肯定了城市公园在促进社区健康和福祉、改善环境气候和提高地方经济等方面的重要价值，并许诺加大公园的政策力度。目前，英国仍然是世界上城市公园最发达的国家。据不完全统计，英国现有2.7万多个公园，拥有丘园、海德公园等一大批世界著名的公园，为城市公园的发展做出了重要贡献。

2. 德国城市公园

德国是城市公园建设最先进的国家之一，城市公园具有悠久的历史和鲜明的特征，并深受英国风景园的影响，呈现密林草地、缓坡亭榭、自然柔美的景观特征。以慕尼黑市为例，该城市具有完备的公园系统、良好的公园环境和优质的公共服务供给。18世纪末至19世纪末的近百年间，慕尼黑陆续向公众开放了王宫花园，兴建了德国第一个民众园（Volks Park），即“英式花园”（Englischer Garten），增建了老植物园（Old Botanical Garden）、巴伐利亚公园（Bayerischer Park），开放了特雷萨草坪（Theresienwiese）和宁芬堡宫花园（Schlosspark Nymphenburg），为德国现代公园系统的构建奠定了基础。

20 世纪初成立的“德国人民公园协会”（the German Association of Parks for People）宣布，公园的建设目的是满足所有阶层的需求。为补偿因工业和住宅建设导致土地流失的工人阶级，新建了动物园（Tierpark）、新植物园（Botanischer Garten München-Nymphenburg）和路易・波德公园（Luitpoldpark）等。“二战”以后，政府将提高生活品质确定为城市建设的重心，1975 年出台的“绿化议程”，特别强调公共绿地和开放空间对城市的重要性，新建了奥林匹克公园（Olympia Park）、西园（West Park）、奥斯特公园（OST Park）等一批有影响力的大型公园。“英国花园”以 375hm^2 的面积超过了纽约中央公园，成为世界最大的城市公园之一。

3. 法国城市公园

19 世纪是法国工业快速发展的时期。在英国的影响下，以巴黎为代表城市的公园蓬勃兴起，并深刻影响着巴黎城市的规划与发展。1853 年，巴黎以伦敦的城市公园为参照，开始了改扩建规划。巴黎行政长官乔治・欧仁・奥斯曼（Georges-Eugène Haussman）、设计师阿尔方（Jean Charles Adolphe Alphand）在总结了伦敦公园的经验教训的基础上，提出了城市公园体系应井然有序、分布均匀、相互联系，并形成一个整体的观点，兴建了包括蒙梭公园（Parc Monceau）、肖蒙山公园（Parcdes Buttes Chaumont）在内的 21 个街心公园和 5 座大型公园。此后，蒙索公园、杜乐丽花园、长廊植物园、布洛涅林苑、贝西公园等一大批具有影响力的城市公园，以公园群的形式融入到城市环境中，打破了城市规则原有的生冷布局，有效改善了巴黎的城市环境，成为巴黎的城市名片。

4. 美国城市公园发展

在 1821—1855 年间，城市运动使得美国纽约的人口扩张了 4 倍，导致人口拥挤，环境混乱。因此，唐宁（Andrew Jackson Downing）等景观设计师开始呼吁在曼哈顿岛规划修建城市公园。在各界人士的推动下，1851 年纽约州议会通过了《公园法》，为纽约中央公园的规划建设奠定了基础。1857 年，“绿草坪”（Greensward）设计方案获得公园委员会的青睐，其设计者奥姆斯特德（Frederick Law Olmsted）成为了纽约中央公园的总设计师。1873 年，奥姆斯特德设计的纽约中央公园建成，奠定了美国城市公园的历史地位。随着纽约中央公园的建成，美国各地城市公园大量涌现，人们将这一时期称为“美国城市公园运动”时期。

奥姆斯特德将波士顿各个公园通过“绿色廊道”有序连通与协调统一，从而形成一个完整的公园系统，勾勒出城市扩张的绿色骨架，建立了完善的波士顿公园系统，也被称为“绿宝石项链”或“翡翠项链”。波士顿公园系统是世界最著名、最具代表性的公园系统之一，它将大量的公园和绿地通过景观道有序统一在一起，构建了引导城市发展的结构，改变了波士顿的原有格局，也对世界城市规划产生了重要的影响。波士顿公园系统的建设历时 17 年（1878—1895 年），包括波士顿公地、公共花园、查尔斯河滨公园、联邦大道、后湾沼泽、牙买加公园、浑河公园、富兰克林公园和阿诺德植物园 9 个部分，共同构建了一个 16km 长的完整公园系统（朱建宁，2008）。

20 世纪初，生态学逐渐兴起，公园系统的建设与生态系统的建设一起形成了城市及区域规划的生态学框架，伊恩・麦克哈格是这一时期生态规划的领军人物，以生态学为基础的规划得到了风景园林师和城市规划师的认可。当前，美国城市正在发起一场“10 分钟步行”运动，预计到 2050 年，美国城市 100%的居民步行 10 分钟可以安全访问公园。截至 2020 年，旧金山和波士顿已达到目标，阿灵顿、纽约和圣保罗 99% 的居民已经实现这一目标。

5. 日本城市公园发展

日本公园制度起源于 1873 年太政官颁布的第 16 号令，该号令通过国家权力将开放空间赋予民众，并宣称公园是所有人永久性的休憩场所。当时，成立不久的明治政府没收了很多私人地产，将其改造为城市公园。不过，政府此时的目的是推动社会融合，而非为大众提供休闲娱乐的场所。1876 年上野公园（Ueno Park）、1903 年日比谷公园（Hibiya Park）对公众开放，成为这一时期标志性的事件。

上野公园是日本的第一座现代城市公园，1924 年由天皇命名。公园的原址是德川幕府的家庙和一些诸侯的私邸，后由明治政府没收而改造为城市公园。日本现代公园的发展之初，深受西方的影响。日比谷公园是日本第一座西式公园，20 世纪初，日本政府经常在此举行各种官方活动，后来成为日本民众反抗、示威的重要场所，1905 年反对《朴茨茅斯和约》的游行、1918 年“米骚动”都在这里举行。上野公园和日比谷公园在城市公园发展早期，既为日本官方的活动提供场地，也为公众提供了公共空间，为大规模的公园建设奠定了基础。

20 世纪初至 1945 年“二战”结束，是日本城市公园发展的第二个阶段。1923 年关东大地震之后，东京与横滨地区受灾严重，亟须重建。内务卿后藤新平提出了“绿色东京”的规划概念，规划不仅要修复灾中被毁的 28 座城市公园，还要修建隅田公园、锦糸公园和滨町公园 3 座新的大型城市公园，以及 52 座小公园。1937 年日本颁布了《防空法》，赋予了公园的防空功能，要求设立绿色防火隔离带，推动了日本城市公园的建设。

1955—1973 年，日本进入经济高速发展时期，这是日本现代公园发展的黄金时期。1956 年颁布的《城市公园法》将公园建设的自主权授予了地方政府，还规定城市建成区的人均公园面积须达到 $3m^2$，明确了城市公园的发展目标。其后，东京《首都区域发展规划》《城市公园发展紧急措施法》《城市绿色空间保护法》等多部与公园、绿色空间相关的规划出台，使得 20 世纪 70 和 80 年代成为日本的“城市公园时代”（李玉红，2009）。

20 世纪 90 年代，日本已处于高度城市化和后工业资本主义时期。生态与环保意识在这一阶段得到了加强。1992 年，日本政府颁布了《野生动植物群濒危物种保护法》，以保护整个生态系统；1998 年颁布了《非政府组织法》，将公园的运营权力归还给地方及民众，形成了由生态志愿者协助各级自然公园和国家森林保护地的运作模式。这种公众参与自然公园和城市公园的运营、管理机制，开创了日本新的“生态体制”。

1.5.2　我国城市公园起源与发展

上海城市公园的发展浓缩了我国城市公园产生、发展与兴起的历程。1840 年鸦片战争后，欧美等帝国主义国家在上海开设了租界，把欧洲的“公园”引入到我国，以满足自己游憩活动的需要（李韵平，2017）。1868 年在上海的公共租界建造的“公花园”（即今黄浦公园）是中国最早建设的城市公园。该时期的公园不准华人入内，直到 1928 年才对华人开放。此后，殖民者在上海陆续建立了“虹口公园”“法国公园”等，作为打网球、棒球、高尔夫球等活动和散步、休憩游乐等的场所。

在西方公园文化传播的影响下，当时的国民政府及社会人士将建设公园视为传播政治理念、改良社会、教化民众的场所。1921 年前后，全国出现了城市公园建设的热潮；1925 年，北京的北海公园经整修、改（扩）建向公众开放；1926 年，广州越秀山经改造建成为广州越秀公园；此后，上海部分私人园林，如张园、愚园、徐园、申园、西园等也先后对公众开放。这些公园既有由原皇家园林、私家园林改建而成，也有参照欧洲案例新建的公园，使得我国近代城市公园风格复杂多元，既有对西方园林的仿效、借鉴，也有对中国古典园林的传承。

新中国成立后，国家对人民文化休闲活动非常重视，在苏联文化休憩公园模式的影响下，新建公园有了空间和功能分区的概念。这些现代城市公园的设计结合了中西方园林的设计手法，涌现出一批具有代表性的公园作品。1952 年经全面整修扩建成的北京陶然亭公园，即为这一时期的杰出代表，该公园将古建与现代造园艺术融为一体，是以中华民族“亭文化”为主的新型城市园林。

改革开放以后，全国各个城市扩建、改建和新建了大量的公园，成为城市居民各类活动的重要场所。公园的类型也逐渐增多，既有综合公园，又有社区公园、专类公园，以及街头游园。

1994 年，中国公园协会正式成立，这是一个由全国公园工作相关的单位和个人自愿组成的，具有法人地位，行业性非营利性社会组织。1995 年，中国公园协会正式加入国际公园与康乐设施协会，成为其团体会员。在此后的数年里，中国公园协会对外同国际有关组织机构和专家交流，组织参加国际会议、展览、信息交流等活动，吸收了世界园林保护、建设、管理先进经验；对内开展有关科学技术、历史文化知识宣传，将公园作为德育、智育、爱国主义教育场所，促进了我国城市公园的建设和发展。

随着我国首个智慧型公园于 2011 年在云南省昆明市翠湖公园落户，以及《北京市智慧公园建设指导书》（2018 年）、团体标准《江苏省智慧公园建设指南》T/JSYLA 00007—2022 等智慧公园相关规范指南的制定，未来公园将在全方位实现智慧化的基础上，营建更为安全、绿色、环保、智能的公园新模式。

1.6 城市公园的发展趋势

公园城市是在智慧化、绿色化的新发展理念驱动下，深化对增进人民福祉、营造健康环境的思考，创新性地提出了城市的整体环境应满足像公园一样，呈现自然、优美、共享、便利、生态等服务特性。公园城市建立在城市绿化水平提升和生态环境改善的基础之上，强调公园绿地的普惠性、丰富性和艺术性，将与城市生活相融的公园绿地作为引导城市良性发展的主要载体，是对城市绿地建设的更高要求，也是从社会公平和人的主观感受出发，加强对人民健康生活的物质保障（成都公园城市领导小组，2019）。

在“公园城市”建设理念的指引下，城市公园建设的思想和行动发生了巨大变革，城市公园的角色发生了转变，更加强调以人民为中心，更加重视人民的福祉和感受，更加体现公共性、开放性、生态性、包容性、可持续性、文化性和参与性。当前，城市公园已经成为人们幸福美好生活的组成部分，是实现公平正义的开放空间，是家长里短的交往空间，是温度情怀的休闲空间，是生态文明的绿色空间，是地域文化的传承空间，是共建共享理念的重要载体。

1. 公平性的城市公园

城市公园作为城市公共空间的重要组成部分，是城市居民亲近自然、悠闲娱乐、健身锻炼、社会交往的重要场所，是维护社会公平、保障公共安全和公众利益的重要公共政策。城市公园的公平性体现在公园绿地资源分布是否合理、有效供给是否完善。规划布局时应充分研究市民人口密度、生活习惯和公园的便利程度等，让市民能够以适宜的距离到达不同等级、类型的公园。

2. 包容性的城市公园

城市公园是城市为全体民众提供的公共产品，包容性是城市公共空间公共性品质的重要评价维度。包容性的城市公园为不同年龄、不同种族、不同信仰和不同肤色的人群提供服务，强调游憩机会人人均等、资源共享，更加重视对老年人、青少年，以及对存在能力缺失群体的关怀。

3. 人性化的城市公园

人性化的城市公园是指公园提供的服务能体现以人为本的思想。公园提供的基础设施和公共服务设施应能够满足使用人群的需求，为人们提供宜人的公共社交环境，让公众在游玩活动中体验安全感和幸福感。公园的各类设施、空间尺度、材料品质、安全性等方面符合人体工程学要求，体现公园对人无微不至的关怀。人性化的公园也必须体现对弱势群体的关爱。

4. 系统性的城市公园

公园城市理念下的城市公园应该是一个包含各种类型、不同等级、空间布局合理的城市公园系统，这个系统具有保护城市生态系统，引导城市开发向良性发展，增强城市舒适性的作用。这个系统不仅包括综合公园、社区公园、专类公园、游园等公园绿地，还应包括居住绿地、河流湖泊、防护林、口袋公园等广义的“开放空间”，通过绿色廊道将各个“公园”有机联系，形成网络化、多层级的公园系统（金经元，2002）。

5. 智慧性的城市公园

在新一代信息通信技术的发展下，智慧的城市公园在公园服务管理、休憩娱乐体验等方面实现数字化表达与泛在化服务。智慧公园更强调人与人、人与物的互动、互感、互知，使公园达到真正的智慧化，从而实现资源信息、公园管理、公众体验等全面整合。

第2章

城市公园设计方法

2.1 城市公园设计特点

城市公园是具有自然和人文属性的复杂系统，是城市的绿色基础设施，除了为市民提供休闲游憩活动场所外，还在引导民众关注人类环境、提高环保意识、传播城市文化等方面具有积极的推动作用。因此，城市公园的景观设计具有多样性、复杂性的特点，解决问题需要全方位、多角度、系统性思考，统筹考虑公园建设中的工程问题、环境问题和伦理问题，并协调不同利益方的目标诉求。

1. 多学科领域融合

城市公园的景观设计通过科学分析、规划布局、设计改造、保护恢复等方法得以实现，其核心是协调人与自然的关系。它涉及气候、地理、水文等自然要素，同时也包含了历史文化、传统风俗、地方色彩等人文元素。因此，在公园建设中需要协调景观学、规划学、建筑学、生态学等多学科的知识。

2. 多问题相互交织

城市公园的建设以解决问题为出发点。首先是工程设计问题，需要综合考虑公园选址、入口朝向，以及建设施工等方面问题；其次是环境影响问题，不能盲目追求美观而忽视环境问题，土体开挖、土壤硬化、外来植物等都会对当地的生态环境造成不良影响，应进行科学的环境评价；最后是伦理问题，设计师应做到低影响开发，体现当地传统文化和特色，强调人与自然和谐共生。

3. 众多利益方诉求

公园的建设涉及众多的利益相关方，如政府部门、设计方、施工方、使用者、社会组织等，他们有不同的利益诉求与追求的目标。公园建设充分考虑各利益相关方的利益诉求，找到各方面利益诉求的最佳解决方案。

2.2　城市公园设计原则

1. 可持续性原则

自 20 世纪 80 年代可持续发展的理念被提出后，得到了国际社会的广泛认同，我国政府也将可持续发展纳入到国民经济社会远景规划。城市可持续发展要求城市在发展经济的同时，必须将保护环境、控制污染和改善生态同步实施。

公园是城市生态系统的重要组成部分，公园可持续性设计包含生态环境可持续、资源利用可持续和人文景观可持续三方面内容。生态环境可持续是指采用低影响开发设计策略，在保护场地原始地形面貌的基础上，对城市进行有序开发，以减少对原有生态系统的破坏；资源利用可持续是指通过合理优化场地的生态格局、充分利用乡土植物发挥生态效益、合理利用废弃材料等措施促进资源可持续利用；人文景观可持续是通过维护景观特征元素和标志物等设计手段，形成完整、独特、可读性强的城市人文景观场所。

2. 保护性原则

在城市公园景观设计过程中，依据景观生态学“斑块 – 廊道 – 基底”模型，以生态保护为核心，通过生态脆弱性、敏感性分析，保护生态敏感区域；通过生态修复策略将区域内各级斑块、廊道有机联系，使其成为有机整体，发挥生态系统自身调节功能（林佩铭，2012）。

3. 场所性原则

“场所”（Place）指由具有形态、质感及颜色等性质的具体事物所组成的“物的总和”，以及活动发生的场地空间，场所通过与人建立联系来展现出某种特定的状态，即“场所精神”。场所精神（Spirit of Place）是挪威建筑理论家诺伯格·舒尔茨提出，原意为地方守护神，现多用于表达在特定的环境中人对空间的特殊感应或反馈，即人与空间在某种层面上产生了共鸣，而使空间中的事物具有了独特的内涵和特质。在城市公园景观设计中，尊重场所精神，有助于展现出城市公园的人文特性、精神内核和社会价值。

4. 多功能原则

城市公园能够为市民提供多种功能，具有环境保护价值、社会价值、经济价值以及美学价值等多重价值。在城市用地从“增量扩张为主的规划”转向“存量更新为主的规划”的新时期，应注重提高城市公园土地利用率，探索公园空间的多功能利用途径。

5. 人性化原则

城市公园的人性化程度是城市文化底蕴与文明程度的象征。城市公园应满足不同年龄段以及特殊群体的各种需求，遵循人性化设计理念。通过融入地方特色元素、细节处理细致化、空间布局人性化、布置无障碍设施等方式满足人们的生理、心理需求和精神追求。

2.3 城市公园设计规范

2.3.1 规范标准

城市公园建设过程中，需要遵循相关的国家、行业和地方性法规、规范、标准、导则、指南等。主要包括《城乡规划法》(2019年修正)、《土地管理法》(2019年修正)、《环境保护法》(2014年修订)、《公园设计规范》GB 51192—2016、《风景园林制图标准》CJJ/T 67—2015、《风景园林基本术语标准》CJJ/T 91—2017、《城市绿地分类标准》CJJ/T 85—2017、《总图制图标准》GB/T 50103—2010、《建筑设计防火规范》GB 50016—2014(2018年版)、《建筑场地园林景观设计深度及图样》06SJ805、《城市用地分类与规划建设用地标准》GB 50137—2011、《园林绿化工程施工及验收规范》CJJ 82—2012、《无障碍设计规范》GB 50763—2012、《城乡建设用地竖向规划规范》CJJ 83—2016等。

2.3.2 量化指标

1. 游人容量

根据《公园设计规范》GB 51192—2016，人均占有公园陆地面积指标的上下限取值应根据公园区位、周边地区人口密度等实际情况确定。综合公园人均占有公园陆地面积为30～60m^2/人，专类公园为20～30m^2/人，社区公园为20～30m^2/人，游园为30～60m^2/人。

公园游人容量应按下式计算：

$$C=(A_1/A_{m1})+C_1$$

式中 C——公园游人容量(人)；

A_1——公园陆地面积(m^2)；

A_{m1}——人均占有公园陆地面积(m^2/人)；

C_1——公园开展水上活动的水域游人容量(人)。

2. 用地比例

公园用地面积包括陆地面积和水体面积，其中陆地面积应分别计算绿化用地、建筑占地、园路及铺装场地用地、其他用地的面积及比例，公园用地比例以公园陆地面积为基数进行计算，用地面积及用地比例应按表2-1的规定进行统计。

表 2-1　公园用地比例（%）

陆地面积 A_1（hm^2）	用地类型	公园类型					
		综合公园	专类公园			社区公园	游园
			动物园	植物园	其他专类公园		
$A_1 < 2$	绿化	—	—	＞ 65	＞ 65	＞ 65	＞ 65
	管理建筑	—	—	＜ 1.0	＜ 1.0	＜ 0.5	—
	游憩建筑和服务建筑	—	—	＜ 7.0	＜ 5.0	＜ 2.5	＜ 1.0
	园路及铺装场地	—	—	15～25	15～25	15～30	15～30
$2 \leqslant A_1 < 5$	绿化	—	＞ 65	＞ 70	＞ 65	＞ 65	＞ 65
	管理建筑	—	＜ 2.0	＜ 1.0	＜ 1.0	＜ 0.5	＜ 0.5
	游憩建筑和服务建筑	—	＜ 12.0	＜ 7.0	＜ 5.0	＜ 2.5	＜ 1.0
	园路及铺装场地	—	1～20	10～20	10～25	15～30	15～30
$5 \leqslant A_1 < 10$	绿化	＞ 65	＞ 65	＞ 70	＞ 65	＞ 70	＞ 70
	管理建筑	＜ 1.5	＜ 1.0	＜ 1.0	＜ 1.0	＜ 0.5	＜ 0.3
	游憩建筑和服务建筑	＜ 5.5	＜ 14.0	＜ 5.0	＜ 4.0	＜ 2.0	＜ 1.3
	园路及铺装场地	10～25	10～20	10～20	10～25	10～25	10～25
$10 \leqslant A_1 < 20$	绿化	＞ 70	＞ 65	＞ 75	＞ 70	＞ 70	—
	管理建筑	＜ 1.5	＜ 1.0	＜ 1.0	＜ 0.5	＜ 0.5	—
	游憩建筑和服务建筑	＜ 4.5	＜ 14.0	＜ 4.0	＜ 3.5	＜ 1.5	—
	园路及铺装场地	10～25	10～20	10～20	10～20	10～25	—
$20 \leqslant A_1 < 50$	绿化	＞ 70	＞ 65	＞ 75	＞ 70	—	—
	管理建筑	＜ 1.0	＜ 1.5	＜ 0.5	＜ 0.5	—	—
	游憩建筑和服务建筑	＜ 4.0	＜ 12.5	＜ 3.5	＜ 2.5	—	—
	园路及铺装场地	10～22	10～20	10～20	10～20	—	—
$50 \leqslant A_1 < 100$	绿化	＞ 75	＞ 70	＞ 80	＞ 75	～	—
	管理建筑	＜ 1.0	＜ 1.5	＜ 0.5	＜ 0.5	—	—
	游憩建筑和服务建筑	＜ 3.0	＜ 11.5	＜ 2.5	＜ 1.5	—	—
	园路及铺装场地	8～18	5～15	5～15	8～18	—	—
$100 \leqslant A_1 < 300$	绿化	＞ 80	＞ 70	＞ 80	＞ 75	—	—
	管理建筑	＜ 0.5	＜ 1.0	＜ 0.5	＜ 0.5	—	—
	游憩建筑和服务建筑	＜ 2.0	＜ 10.0	＜ 2.5	＜ 1.5	—	—
	园路及铺装场地	5～18	5～15	5～15	5～15	—	—

续表

陆地面积 A_1（hm^2）	用地类型	公园类型					
		综合公园	专类公园			社区公园	游园
			动物园	植物园	其他专类公园		
$A_1 \geqslant 300$	绿化	> 80	> 75	> 80	> 80	—	—
	管理建筑	< 0.5	< 1.0	< 0.5	< 0.5	—	—
	游憩建筑和服务建筑	< 1.0	< 9.0	< 2.0	< 1.0	—	—
	园路及铺装场地	5～15	5～15	5～15	5～15	—	—

注："—"表示不作规定；上表中管理建筑、游憩建筑和服务建筑的用地比例是指其建筑占地面积的比例。

3. 设施配置

为了满足游人活动和管理使用需要，公园一般应配备基本的服务设施。按照《公园设计规范》GB 51192—2016 的规定，公园设施应符合表 2–2 的规定。

表 2-2　公园设施项目的设置

设施类型	设施项目	陆地面积 A_1（hm^2）						
		$A_1<2$	$2 \leqslant A_1<5$	$5 \leqslant A_1<10$	$10 \leqslant A_1<20$	$20 \leqslant A_1<50$	$50 \leqslant A_1<100$	$A_1 \geqslant 100$
游憩设施（非建筑类）	棚架	○	●	●	●	●	●	●
	休息座椅	○	●	●	●	●	●	●
	游戏健身器材	○	○	○	○	○	○	○
	活动场	●	●	●	●	●	●	●
	码头	—	—	—	○	○	○	○
游憩设施（建筑类）	亭、廊、厅、榭	○	○	●	●	●	●	●
	活动馆	—	—	—	—	○	○	○
	展馆	—	—	—	—	○	○	○
服务设施（非建筑类）	停车场	—	○	○	●	●	●	●
	自行车存放	●	●	●	●	●	●	●
	标识	●	●	●	●	●	●	●
	垃圾箱	●	●	●	●	●	●	●
	饮水器	○	○	○	○	○	○	○
	园灯	●	●	●	●	●	●	●
	公用电话	○	○	○	○	○	○	○
	宣传栏	○	○	○	○	○	○	○

续表

设施类型	设施项目	陆地面积 A_1（hm^2）						
		$A_1<2$	$2\leq A_1<5$	$5\leq A_1<10$	$10\leq A_1<20$	$20\leq A_1<50$	$50\leq A_1<100$	$A_1\geq 100$
服务设施（建筑类）	游客服务中心	—	—	○	○	●	●	●
	厕所	○	●	●	●	●	●	●
	售票房	○	○	○	○	○	○	○
	餐厅	—	—	○	○	○	○	○
	茶座、咖啡厅	—	○	○	○	○	○	○
	小卖部	○	○	○	○	○	○	○
	医疗救助站	○	○	○	○	○	●	●
管理设施（非建筑类）	围墙、围栏	○	○	○	○	○	○	○
	垃圾中转站	—	—	○	○	●	●	●
	绿色垃圾处理站	—	—	—	○	○	●	●
	变配电所	—	—	○	○	○	○	○
	泵房	○	○	○	○	○	○	○
	生产温室、荫棚	—	—	○	○	○	○	○
管理设施（建筑类）	管理办公用房	○	○	○	●	●	●	●
	广播室	○	○	○	●	●	●	●
	安保监控室	○	●	●	●	●	●	●
管理设施	应急避险设施	○	○	○	○	○	○	○
	雨水控制设施	●	●	●	●	●	●	●

注：“●”表示应设；“○”表示可设；“—”表示不需要设置。

2.3.3　方案设计内容与深度

公园景观设计的阶段包括方案设计、初步设计、施工图设计三个阶段，当公园较为简单时，在方案深化设计的基础上，初步设计和施工图设计可以合二为一。方案设计文件一般包括封面、目录、设计说明、设计图纸等，图纸内容和深度应满足相关标准，封面、目录一般不作具体要求。

1. 设计说明

设计说明一般除了包括项目位置、现状、面积、工程性质、设计原则、造价匡算等以外，还应包括用地红线、总占地面积、周围环境、对外出入口位置、地块容积率、绿地率、原有的文物、古树名木的保护，以及项目所在城市区域、场地内建筑情况、场地内的道路系统、场地内自然地形概况、土壤情况等描述。

2. 设计图纸

图纸一般包括总图、重要景点放大平面图、立面图、效果图等分析图。总图常用比例为1∶5000～1∶500，面积在100hm^{2}以上时，比例采用1∶5000～1∶2000；面积在10～50hm^{2}时，比例采用1∶1000；面积在8hm^{2}以下时，比例可采用1∶500。放大平面图常用比例为1∶200～1∶100，立面图常用比例为1∶100～1∶30。

区位图：属于示意性图纸，表示该公园在城市区域内的位置及其周边地区的关系，如周边道路、小区、河流等，要求简洁、明了。

现状分析图：现状分析图是根据掌握的地形、植物、建筑物、构筑物、水系等资料，经分析、整理、归纳后，对用地范围线内现状作综合评述，为设计提供依据，两者可以合并。

总平面图：总平面图表达的内容主要包括：公园与周围环境的关系，公园主要、次要、专用出口与临街道路名称、宽度，周围重要单位、居住小区名称；公园主要、次要、专用出入口的位置、面积，规划形式，主要出入口的内外广场、停车场、大门等布局；公园的地形总体规划、道路系统规划；全园建筑物、构筑物等布局情况；全园植物分布，能够反映密林、疏林、树丛、草坪、花坛、专类花园等；指北针、比例尺、图例等内容。

功能分区图：分区图反映了不同空间、分区之间的关系。一般根据不同年龄阶段访客的活动规律和不同兴趣爱好游人的需要，确定不同的分区，划出不同的空间，使不同空间区域满足不同的功能要求。

竖向地形图：地形是全园的骨架，要求能反映出公园的地形特点。要表达山体、水系的内在有机联系；要表示出湖、池等水景造型，水景入水口、出水口的位置，水体的最高水位、常水位、最低水位线；要明确硬质景观所在地的地面标高、桥面标高、广场标高，以及道路变坡点标高；要注明公园与市政设施、马路、人行道以及公园邻近单位的地面标高。

园路设计图：公园道路具有交通、引导游览等功能。要明确公园的道路主要出入口、次要出入口与专用出入口，主要广场的位置及主要环路的位置，以及作为消防的通道；要确定主干道、次干道的位置以及各种路面的宽度、排水纵坡；要初步确定主要道路的路面材料、铺装形式等，可以用不同的粗细线或不同颜色表示不同级别的道路及广场，并注明主要道路的控制标高。

植物设计图：根据总体设计图的布局，植物设计是对种植构思、种植风格的总体把握，对植物种植层次、种植基本形式、主要植物种类进行总体构思。要构建全园的植物空间与群落组团，利用植物进行空间的组织，结合功能需求、场地特征，进行群落组团的规划；要依据不同种植类型安排密林、疏林、草坪、树群、树丛、孤植树、花坛花境等内容；要确定重要景点的孤植树、列植树等，确定全园的基调树种、骨干造景树种。

公共服务设施图：公共服务设施主要包括垃圾桶、饮水设施、厕所、休息座椅、小卖部、游客服务中心、餐厅茶座、医疗救助站、标识标牌，公共服务设施总平面图包括这些服务设施的空间分布、数量、规格等内容。

灯光照明图：灯光照明总平面包括灯的空间布局、数量、规格等内容。具体包括夜间为游客和车辆提供照明的道路照明灯类，具有装饰和照明的地灯、草坪灯、壁灯、水景灯等庭院景观灯，丰富层次、烘托主题艺术效果的射灯，户外运动场地照明的金卤灯、高压钠灯等。

综合管线图：包括全园用水总量、来源、管网大致分布，雨水、污水总水量、排放方式，管网大体分布，公园内管网与外部市政管网关系。

2.3.4　施工图设计内容与深度

施工图设计阶段是根据已批准的深化方案设计文件或初步设计文件的要求，进行更深入和具体化的设计，内容包括施工设计说明书、施工设计图、工程预算等。说明书的内容是方案或初步设计说明书的进一步深化，应写明设计的依据、设计对象的地理位置及自然条件，设计的基本情况，各种园林工程的要求，园林工程建成后的效果分析等。工程预算是控制造价、签订合同、拨付工程款项、购买材料的依据，同时也是检查工程进度、分析工程成本的依据。

施工图设计主要包含以下内容：一是土建施工总图，包括施工总平面图、竖向设计图、灯光布置图、尺寸定位图、公共服务设施布置图、道路广场铺装图；二是土建施工详图，包括园林建筑、道路广场、水景假山、构筑物、道路广场、雕塑小品、挡土墙、花池、围墙、景观桥等具体详图；三是植物施工图；四是水电管线施工图；五是结构施工图等。

1. 土建施工总图

施工总平面图用以表明各种设计因素的平面关系和准确位置，是施工的依据。图纸主要包括现有保留的地下管线、建筑物、构筑物、树木等；设计的地形等高线、高程数字、山石和水体、园林建筑和构筑物位置、道路、广场、园灯、园椅等。

竖向设计图用以表明各设计因素间的高差关系。表达山峰、丘陵、盆地、缓坡、平地、河湖驳岸、池底等具体高程，各景区的排水方向、雨水汇集，以及建筑、广场的具体高程等。

尺寸定位图用以表明各设计要素的尺寸和相互关系，以及具体的坐标。采用尺寸标注法、坐标法和网格法表达。

道路广场铺装图用以表明园内各种道路、广场的具体位置、宽度、高程、纵横坡度、排水方向，及道路平曲线、纵曲线设计要素，以及路面结构、做法、路牙的安排和道路广场的交接、交叉口组织、不同等级道路连接、铺装大样、回车道、停车场等。

灯光布置图、公共服务设施布置图与方案设计阶段类似，主要表达要素的空间分布、类型、距离、规格等。

2. 土建施工详图

包括园林建筑、道路广场、水景假山、构筑物、道路广场、雕塑小品、挡土墙、花池、围墙、景观桥等景观要素的具体平面位置、坐标、名称、平面形状、剖面图、立面图、大样图等。

3. 植物施工图

植物施工图主要表现树木花草的种植位置、种类、种植方式、种植距离等，包括图纸目录、设计说明书、植物统计表、植物总平面图、乔木总平面图、灌木及草坪总平面图、植物设计大样图等。

4. 水电管线施工图

主要表现出上水（生活、消防、绿化、市政用水）、下水（雨水、污水）、电气等各种管网的位置、规格、埋深等。管线施工图内容包括平面图系统图和剖面图，平面图系统图表示管线及各种管井的具体位置、坐标，并注明每段管的长度、管径、高程以及如何接头等。原有干管用红实线或黑细实线表示，新设计的管线及检查井则用不同符号的黑色粗实线表示。剖面图画出各号检查井，以黑粗实线表示井内管线及截门等交接情况。电气图在电气初步设计的基础上标明园林用电设备、灯具等的位置及电缆走向等。

5. 结构施工图

结构施工图是关于承重构件的布置、使用的材料、形状、大小、及内部构造的工程图样，是承重构件以及其他受力构件施工的依据。包括图纸目录、设计说明、设计图纸、计算书。

2.4 城市公园设计流程

2.4.1 设计基本流程

城市公园景观设计一般包括任务书解读、基地现状调查与资料收集、总体设计构想、草图阶段、详细设计阶段和施工图设计阶段的全过程管理，如图 2–1 所示。在规划设计时，应充分考虑场地的功能、周边环境、地理状况和使用者的期望与要求。

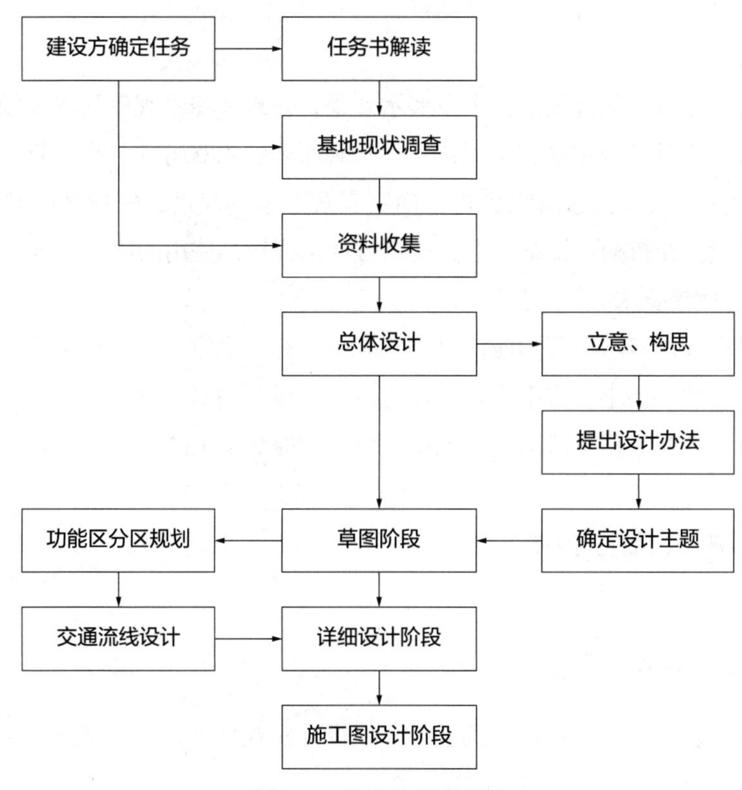

图 2–1　公园设计流程图

2.4.2　任务书的解读

任务书通常是指委托方（甲方）对工程项目设计提出的要求，是工程设计的主要依据和指示性文件。

1. 项目概况与要求

项目概况主要包括对项目所在位置、周边道路交通、周边环境、用地红线、设计面积和场地属性等的简要介绍；还包括公园在城市用地系统中的地位和作用，以及地段特征、四周环境、面积大小、游人容量和公园中景观建筑的规模、面积、高度、建筑结构和材料要求，拟定布局的艺术形式、风格特点和卫生要求等。

2. 设计依据

主要包括设计任务书的相关规定，甲方提供的规划图纸和文件，国家、行业和地方现行的园林设计相关标准。

3. 设计基本要求

1）成本控制要求

成本控制在立项时确定，是对景观成本控制描述，在总体成本不变的基础上，各区域单位面积景观造价可以相互调整。

2）工作内容要求

方案设计充分考虑公园的需求及展示效果，合理组织景观序列以及场地内的各种景观元素，完成景观主题、空间体系、景观序列、景观特征与亮点打造；完成场地布局、竖向关系、交通组织分析；确定景观要素的尺度；完成植物景观概念设计；施工图设计在扩初设计基础上，提供可供招标投标使用的施工图纸。

3）设计成果要求

各阶段设计内容与深度均应满足国家规范、相关规定及项目任务书规定的设计标准、深度和效果要求。方案设计阶段完成景观设计估算，提交方案文本图册。施工图设计阶段提交工程量清单和景观设计预算，提交施工图设计蓝图。

2.5 城市公园设计方法

2.5.1 场地的认识与解读

充分研究场地是设计最根本的任务。在设计实践之前，需要调研分析明确场地的诸多问题矛盾，以便通过设计解决。

2.5.2 资料收集与整理

资料收集包括文字和图纸资料，包括政府文件、统计资料、上位规划、成功案例等，然后对所获得的资料进行审查、检验、分类、汇总，使其系统化和条理化，从而获得调查场地的总体情况。

2.5.3 现场调查

1. 调查方法

1）现场踏勘法

现场踏勘是规划设计调查中最基本的手段，主要包括地形地貌、生物资源、土地使用、空间结构、周边环境等。

2）问卷调查法

问卷调查是需要掌握一定范围内大众意愿时最常见的调查形式，调查对象可以是某个范围内的全体人员，也可以是部分人员。

3）访谈法

访谈法是调查者与被调查者面对面的交流，主要是针对无文字记载的民俗民风、历史文化、传说故事等方面；针对尚未形成文字的想法或对一些愿望与设想的调查；针对专业人士的意见。

2. 调查内容

1）人文社会调查

通过人文社会调查，了解当地环境背景和使用需求，为公园的合理设计提供思路，如社会经济发展、历史文化、城市建设、历史典故、公园分布数量、公园类型、公园服务半径、地理位置、交通可达性、场地环境质量等。

2）自然环境调查

一是气象资料调查，包括气候特征、气候类型、气温、降水量、湿度、风、霜冻期、大气污染等；二是水文资料调查，包括公园范围内及附近主要河流、湖泊、沼泽等水体的水文特征，地下水主要类型及其特征、水质状况及开发利用现状等，河流湖泊流向、流量、流速、水体面积、水质、pH 值、水深、常水位、洪水位、枯水位、水利工程特点等；三是生物资源调查，包括公园范围内植物、动物分布情况；四是环境污染调查，包括公园范围内及周边的环境质量，如大气质量、地表水质量、噪声程度、垃圾废水等；五是地形地貌调查，包括原始地形图、航片、卫片，以及现场测绘获取相关图纸信息；六是景观资源调查，包含纯自然景观，人造自然景观、历史遗迹景观等；七是地质与土壤调查，包括地质类型、土壤理化性质；八是地下管线调查，了解地下管线的现状。

2.5.4 场地分析与评价

场地的分析与评价是科学设计的前提，避免了设计过程的主观性和盲目性，也是实现景观资源综合效益最大化的前提。地理信息系统（Geographic Information System，GIS）具有采集、处理、分析空间数据的综合能力，是当前场地分析应用最广泛的工具。

1. GIS 叠图法

GIS 叠图法是将场地划分为若干地理单元，以土壤、水文、生态等环境因子建立数据库，然后为每个环境因子做出一幅环境图，通过 GIS 系统的缓冲区分析和叠置分析功能，将各单因素环境图与基本地图叠加得到复合图，展现环境优势和劣势。叠图法以要素分层和叠加重组为特征，深刻影响着风景园林的理论与实践，其代表人物伊恩・麦克哈格（Ian McHarg）在《设计结合自然》著作中详细阐述了叠图法。

2. GIS空间分析法

通过GIS获取的遥感影像数据，可以用于地形地貌、起伏度、坡度坡向等因素的量化分析，从而研判场地的适宜性。GIS景观格局分析是对景观格局进行定量描述和分析，发现潜在规律性，揭示景观结构与功能之间的关系，刻画景观动态的基本途径，Fragstats是计算景观格局指数常用的软件。

3. 德尔菲法

德尔菲法（Delphi Method），又称专家法。该方法主要是由调查者拟定调查表，按照既定程序，向专家组成员进行征询。经过几次反复征询和反馈，专家组成员的意见逐步趋于集中，从而获得较高准确率的判断结果。

4. 行为观察法

行为观察法主要是在公园自然环境中观察和记录被研究对象的行为，不对其进行任何干预或控制，这种方法适用于研究人类在真实情境下的行为表现，这主要是针对公园改造项目。比如，观察一天当中，不同时段，公园活动人群数量变化、活动范围，人群的性别等。

5. 问卷调查法

问卷法是社会调查中较为广泛使用的一种方法，是研究者对所研究问题的度量方式，其目的是搜集到可靠的资料，主要是针对公园改造项目。相关问卷中的常见问题有：你通常来公园干什么？你认为公园存在哪些问题？你希望公园做出哪些改变？公园最吸引人的地方是什么？你通常什么时候来公园？

2.6 专项设计

2.6.1 设计策略

设计策略是在土地适宜性评价、环境脆弱性评价、现状问题分析、现状特征凝练基础上，基于问题解决和目标定位，提出的具体设计原则、设计内容、设计方法和实施路径。在公园景观规划设计中，以国家、行业、地方的规范、标准、条例、指南、导则，以及任务书为依据，以规划设计相关理论为指导，通过关键问题识别、典型特征凝练，对场地进行研判；围绕目标定位，采取问题—策略—目标、特征—策略—目标两条规划设计路径搭建逻辑框架，并采取理念引导，以终端表达要素作为承载体，相似案例为参考，最终形成规划设计成果。

设计策略的产生是一个理性和感性融合的过程。由于不同的场地在尺度、空间形态等方面都有一定的约束条件，保护、修复、改建等不同的初衷和目的也限制了场地的使用。因此，在对场地生态环境、空间形态、历史人文环境进行评估的基础上，应提出多层次、多目标的设计策略，以满足场地现存问题的解决和未来各种发展的需求。

2.6.2 空间布局

1. 基于景观生态的空间格局

景观生态空间格局构建就是运用景观生态学的斑块 - 廊道 - 基质模型和原理，结合场地自身的特征与设计目标，通过对景观要素的空间分布进行合理优化和完善，使生态系统更加稳定、安全。景观异质性是生态系统稳定性的重要指标，应根据场地状况，通过增加斑块类型、调整斑块布局、改变斑块形态、增大相邻斑块的大小对比度、增加同一类型斑块之间的连接度等措施来优化景观空间异质性，进而提升景观生态格局（《现代景观设计理论与方法》，成玉宁著，2010）。

2. 基于使用功能的空间布局

以使用功能为核心的空间建设，是以生态格局的优化为前提，对公园的功能进行空间布置。使用功能的空间策略必须遵循和协调相关需求，以保证生态格局的安全和稳定。

3. 基于景观形态的空间嵌合

在生态格局和使用功能的构建中，公园的内容是研究的对象，但从形式上看，既要表现出内涵和美感，又要表现出生态观念，以及场所精神等，就要从景观形态的空间构建进行分析。景观形态既能够反映某种逻辑联系，也能表现某种情感。因此，公园景观形态不仅要体现在空间和视觉形式上，更要体现在有序组织、思想表达等多个方面，利用空间顺序、游线组织、色彩组合等组织方法，将水面、驳岸、植被、岛屿、建筑、设施等要素有机地组合起来，从而构成一个优美的景观空间。

2.6.3 园路广场

园路是公园的重要组成部分，起着组织空间、引导交通、贯穿全园并提供散步休闲场所的作用。园路布局受到公园的规模、功能分区、周边的道路等条件限制，在布局时要结合景观资源和活动空间，兼顾游览交通和风景展示两方面的功能。道路体系分为主路、次路、支路、小路四级，当公园面积小于 $10hm^2$ 时，可只设三级园路。园路布局时要做到主次分明，因地制宜和地形密切配合，充分展现空间布局的分隔与穿插。园路的转折应衔接通顺，符合游人的行为规律，使公园的空间呈现多样性。

2.6.4 竖向设计

合理的竖向设计可有效组织公园内雨水排放，并有利于消纳滞留周边城市用地的雨水径流。应根据公园周围环境的竖向和排水规划，提出公园内地形的控制高程和主要景物的高程。应对场地高程和周围地形做出控制规定，对全园排水作统一考虑。应满足景观和空间塑造的要求，适应拟保留的现状物，考虑地表水的汇集、调蓄利用与安全排放，保证重要建筑物、动物笼舍、配电设施、游人集中场所等不被水淹，并便于安全管理。应充分利用原地形、景观，以最少的土方量丰富园林地形。

2.6.5 防灾避险

公园防灾避险设计应能够保证公园防灾功能的发挥，应充分利用公园现有场地，提升场地防灾能力。应充分考虑周边环境、地形地貌、人口密度、潜在危险因素、防灾压力、城市规划等因素，对防灾功能区、应急交通、防灾设施、设备等规划，做到统筹兼顾。应根据防灾需求合理布局场地内的应急供水、应急供电、公共卫生、垃圾储运、监控通信等基础设施。

2.6.6 园林建筑

园林建筑是城市公园的重要组成要素，公园的建筑类型包括：游憩型建筑，如亭、廊、榭、舫、轩等；管理服务型建筑，如管理用房；特色商业型建筑，如自动售货机、售货车、电话亭、服务亭、售票亭、餐厅、游船码头、游客中心等。

2.6.7 园林植物

园林植物是公园规划的基础要素之一，它占地比例最大，是影响公园环境和面貌的主要因素之一。城市公园的植物种植类型及分布应根据气候状况、周围环境特征、园内的立地条件，结合空间划分、景观构思、防护功能要求和居民游赏习惯确定。

2.6.8 服务设施

公园中服务设施包括公共服务设施、安全服务设施、活动服务设施、卫生服务设施等。

第3章

综合公园

3.1 综合公园设计理论

3.1.1 综合公园概念

综合公园是指内容丰富、适合开展各种户外活动、具备完善的游憩及配套管理服务设施的城市公园绿地，面积宜大于 10hm^2。相较于其他的公园绿地，综合公园功能更全面，不仅能够满足市民休闲游憩、改善生态环境，同时兼具儿童游乐、运动康体、文化教育、减灾防震、演艺娱乐和商业服务等功能。

3.1.2 综合公园分类

一般根据服务范围，划分为市级综合公园和区级综合公园。

1）市级综合公园

市级综合公园为全市居民服务，一般在城市公园中面积较大，内容和设施最完善，用地面积依据全市人口差异较大。中、小城市一般有 1～2 处，服务半径为 2～3km，步行 30～45min 或乘坐公共交通工具约 20min 可达。大城市及特大城市可设 5 处左右，其服务半径 3～5km，步行 50～60min、乘车约 30min 可达。

2）区级综合公园

是指在较大城市中，为满足区域内市民休闲娱乐、活动及集合的要求而建的公共绿地。区级综合公园的面积依据服务人数而定，功能区划不宜过多，主要突出地方特色，园内应有较为丰富的景观和活动设施。一般在城市各区分别设置 1～2 处，其服务半径为 1～1.5km，步行 15～25min 或乘坐公共交通工具约 10min 可到达。

3.1.3 综合公园功能

1）展现地方文化、提升城市形象

综合公园作为城市的重要名片，吸引着大量的市民和外来游客，是展示历史文化、地域特色，承载城市记忆的重要场所，也是展示城市风采的标志性场所，对于提升城市形象具有重要作用。

2）改善城市环境、提升生态安全

综合公园是城市最重要的绿地类型，是城市的冷岛，具有效缓解热岛效应、减少声光污染、降低水土污染、提高生物多样性等功能。综合公园系统与绿道系统、蓝道系统、郊野公园等构成稳定的城市生态绿色网络，可有效地缓解城市雨洪系统压力，提高城市生态安全。

3）开辟防灾避险场地，提升城市安全

综合公园因其场地开阔、可达性好，可以作为灾时紧急安置的重点区域，在城市安全方面发挥着重要作用。它既可以疏散群众，提供避难场所，又可以作为灾后重建的缓冲区。

4）拓展休闲科普基地，提升城市素养

综合公园是市民游憩休闲的重要场所，它通过不同功能分区来满足人们多样化的游憩需求。综合公园通过设置文化小品、艺术展览、环境画报、植物科普等内容，潜移默化地提升居民的道德素养、艺术修养和环境保护意识。

3.1.4 综合公园特点

1. 全龄友好

综合公园以市民日常活动为切入点，从全生命周期出发，满足不同年龄段居民对于活动和发展的空间需求，同时充分考虑不同年龄群体需求的差异性，针对性地提出设计策略，从而实现全龄共享、友好、可持续发展的愿景。

2. 服务半径广

综合公园面积大、数量多、影响广，活动场地具有综合性、复杂性、广泛性，几乎面向城市的所有市民。随着城市的发展，具有代表性的综合公园也吸引着世界各国、全国各地游客。

3. 场地多功能

综合公园是集休闲娱乐、游憩观赏、儿童游乐、运动康体、文化教育于一体的综合性、多功能场所，可以满足市民多样化的需求。

3.1.5 综合公园起源与发展

世界各国在城市公园建设之初，均以满足全市居民需求为目标，此时兴建的公园大多数为综合公园。

1. 国外综合公园起源与发展

世界上第一个城市公园是 1847 年向公众开放的英国伯肯海德公园。这一时期，城市公园是中产阶级重要的户外社交场所。从城市公园的公有性、公共性和开放性属性来讲，1873 建成的美国纽约中央公园，被普遍认为是第一座按照近代公园理念规划并建设的综合公园，它既是美国城市公园运动的起点，也为世界近代公园的发展奠定了基础，推动了世界城市公园发展。

1929 年，苏联在莫斯科市建成了第一个为普通市民服务的综合公园，即高尔基文化休息公园，其多元化的形式和生态型设计备受关注，对其他国家的公园建设产生了广泛的影响。20 世纪后，日本综合公园在防灾避难、备战防空功能上的优秀表现受到关注。20 世纪 60 年代，随着西方社会经济发展，工业产业逐步从城市剥离，人们对城市生态环境有了新的需求，迎来了综合公园新的发展时期。政府将街头空地、废弃铁路、工业污染废弃地等空间整合改建纳入综合公园改造。20 世纪 90 年代以后，城市公园建设融合了生态、历史、文化、社会多学科知识和技术，更加强调了公众参与性和不同人群的体验感。

2. 国内综合公园起源与发展

受政治、经济、文化、社会变迁以及大众需求等诸多因素影响，我国综合公园的发展较为曲折。1840 年鸦片战争以后，“西方公园”的概念传入我国，上海黄浦公园（1868 年）、天津维多利亚公园（1887 年）、上海法国公园（1909 年）等是这一时期“租界公园”的代表。与此同时，中国民众为捍卫民族尊严兴建了华人公园（1889 年）、无锡公花园（1905 年），这些公园具备了现代公园平等、开放等特征。1911—1949 年间，随着大批欧美留学生的广泛传播，西方的公园建设理念逐渐被我国民众接受，广州越秀公园、北京地坛公园、北京北海公园等相继建成并向大众开放。近代公园虽然没有明确“综合公园”的性质，但初步具备了动植物展示、儿童活动、休闲运动、各类展览等综合公园的功能。

20 世纪 50 年代初，受苏联文化休息公园理论的影响，我国公园的建设以满足基本功能为主，在北京陶然亭公园、合肥逍遥津公园的设计中，采用功能分区的设计方法，将公园环境、场地条件和游客需求相结合，为传统园林设计融入了新的设计方法。

改革开放后，国家基本建设委员会于 1978 年 12 月在济南召开了全国第三次城市园林工作会议，提出“要对现有公园进行功能提升，提高公园的科学和艺术水平”，综合公园的建设逐渐打破了原有的苏式公园模式。1982 年，《城市园林绿化管理暂行条例》中首次出现了“综合公园”这一专业术语，突显了综合公园与其他公园的差异。20 世纪 90 年代，随着《城市绿化条例》(1992 年)、《公园设计规范》CJJ 48—1992 的相继颁布，我国城市综合公园的发展步入了新阶段，生态功能、文化教育、体育锻炼、防灾避险、休闲娱乐等多元功能被纳入综合公园中，也为公众提供了更加人性化的交流空间。

2001 年 4 月，中国公园协会秘书长扩大会议在广州召开，会议提出公园应向公众免费开放，并掀起了公园免费开放热潮。2002 年，《城市绿地分类标准》CJJ/T 85—2002 出台，正式明确了综合公园的概念。随着经济快速增长，多文化广泛交流，我国城市综合公园发展呈现出设计理念多元化、互动参与式等特征，综合公园朝着文化创新、智慧化、生态可持续方向发展。

3.2 综合公园设计方法

3.2.1 设计原则

1. 地域性原则

综合公园是城市重要的组成部分，是城市文化内涵的集中体现，是城市地域文化特色的缩影，通过公园可以向游客展示城市风采。因此，营建时应遵从地域性原则，着重突出城市地域历史文脉传承，避免造成公园的景观千篇一律。

2. 整体性原则

综合公园与城市发展紧密联动，其建设要与城市形成统一的整体。如波士顿公园体系加强了与市区整体风貌、交通的联系，将公园融入到城市整体环境中，增加了城市公共绿地空间和城市活力，更好地保持原有城市的肌理延续。综合公园内部也是一个内容丰富的综合体，包括植物、建筑、山石、水体、道路等景观要素要构成统一体。

3. 生态性原则

在规划设计时，应遵循生态性原则，因地制宜改善场所环境，保留场地原有的自然植物资源，为生物栖息繁殖提供安全场所。

3.2.2 功能分区

综合公园的功能分区规划不仅要考虑服务对象、游园目的以及游园规律，还应按照场地自然环境、现状特点以及公园建设面积，因地制宜地划分场地空间的分布和规模。一般包括入口景观区、游览观赏区、安静休憩区、康体活动区、儿童活动区、文化科普区，以及园务管理区等。

3.2.3 入口广场

入口广场不仅是公园与周围环境联系互动的"过渡空间"，更是整个公园门户。入口广场的设计应兼具交通集散、游憩活动、形象标志，以及空间过渡等多种功能。

3.2.4 地形设计

地形设计涉及生态学、地貌学、水文学等多个学科知识，是一个综合性极强，而又与人、自然、城市紧密关联的复杂系统。地形设计应保持原有地形肌理，通过起伏的地形地貌、高差变化来丰富空间，使其呈现出多姿多彩的景观特征。地形还应结合道路、植物、水体、建筑等要素，充分应用"海绵"技术，组织好场地给水排水工作。

3.2.5 道路设计

道路设计应满足设计规范，考虑与城市道路衔接，合理布置主次出入口和专用出入口的位置。园内道路采用分级设计，保证全园道路连贯完整，通畅可达。道路应设置无障碍通道，满足特殊人群游园需求。道路应满足舒适性，道路铺装材料应满足亲切舒适、色彩得当、形态美观的要求。

3.2.6 建筑设计

园林建筑一般分为游憩型建筑、管理服务型建筑和特色商业型建筑。游憩型建筑设计选址时在考虑使用需求的同时，还应考虑与地形地貌、山石水体、植物等造园要素的协调性；管理服务型建筑布置相对隐蔽，一般距离次入口较近，方便运输物料；特色商业型建筑一般位于公园轴线上，高度和层数要服从景观需求。园林建筑设计要融入地域特色文化，应直观地反映场地的风格和特征，并符合大众审美需求；体量一般较为轻巧，空间要通透，并融入到水景、地形、植物之中。

3.2.7 植物设计

植物选择应遵循生态习性，明确基调树、骨干树，合理搭配快生树与慢生树、常绿与落叶植物。设计应遵循美学原则，满足生态可持续要求，合理选用乡土植物、特色树种。

3.2.8 水景设计

水景设计在传统园林理水的基础上，向亲水和近水的方向发展，提倡参与性水景、趣味性水景、观赏性水景、安全性水景的营造，促进人与景观的互动，提高景观的使用价值。

3.3 综合公园设计案例

3.3.1 纽约中央公园

1. 项目背景与概况

19世纪中叶，纽约城市的人口急剧膨胀，工业发展迅速，导致了城市的环境污染、交通拥堵、传染病流行等一系列环境问题。1850年，美国新闻记者威廉布莱恩特在《纽约邮报》上刊发文章，唐宁等设计师也呼吁宣传公园对城市生态环境改善的意义，促进了美国城市公园运动发展。在美国纽约市市长C·金斯兰的推动下，中央公园于1856年取得了购地许可证。

1857年，中央公园委员会举办了首次规划设计竞赛，弗雷德里克·劳·奥姆斯特德与卡尔弗特·沃克斯（Calvert Vaux）的“绿草坪”方案胜出。1858年，中央公园开始建造，1873年建成开放。纽约中央公园是美国历史上第一座真正为大众服务的城市公园，被称为纽约的都市绿肺（图3-1），它的设计哲学引发了人们对人居环境的思考，对近代城市规划思想产生了深远影响，也间接推动了风景园林学的诞生。西蒙兹曾高度评价中央公园：“凡是看到、感觉到和利用到中央公园的人，都会认可这块不动产的价值，它对城市的贡献是无法估计的，体现了纽约中央公园设计的前瞻性。”

2. 场地现状

公园坐落在纽约曼哈顿岛的中央，南北分别为59街和110街，东西两侧是著名的第五大道和中央公园西大道。场地四周高楼耸立，是一个被建筑围合着的长方形公共开放空间，总面积达320hm^2，长4km，宽0.8km。经过150多年的经营，中央公园已经成为与自由女神像、帝国大厦、时代广场等齐名的纽约地标性景观，被誉为是“镶嵌在纽约皇冠上的绿宝石”。

图 3-1 中央公园鸟瞰图

3. 设计思想

1）设计目标

公园经历了150多年的发展，建设目标发生了多次调整，相应的功能也发生了转变。公园早期主要服务于精英阶层，为上层人士提供散步及野餐休闲的空间。19世纪70年代后，随着集会、娱乐、售卖等禁令放宽，公园开始对普通民众开放，后期由于缺乏专门经费维修及保养，公园很快陷入了衰落。1934年，费雷罗·瓜迪亚当选纽约市市长后，组织人员提升公园功能，增加了游乐场、排球场、网球场、足球场、手球场、美术馆等运动娱乐场地，使得公园焕发了生机，再次成为民众的休闲娱乐场所。20世纪60—70年代，美国奉行城市郊区化的规划理念，公园重要性减弱，资金人员匮乏，犯罪、涂鸦等社会问题恶化了公园环境，公园再度衰败。1980年，非盈利机构中央公园保护协会创立，成为了公园复兴的转折点，伴随着文化和政治潮流，公园成为集会、示威活动、庆祝活动、音乐演唱会等各种活动举办地点，使得中央公园散发着持久活力，成为美国人生活中的“世外桃源”，见图3-2。

图 3-2 公园与城市交融空间

2）“绿草坪”设计理念

公园的设计师奥姆斯特德1822年出生在美国康涅狄格州，从小生活在乡村，对自然风景和自然美学充满了热爱。1850年游历欧洲的经历，使他迷恋英国自然式风景园，为日后形成“田园式”“如画式”的风格奠定了基础。受布里奇曼打破园界的思想影响，他认为公园景观应该与周围环境连成一体，融入城市空间。受到肯特自然景观思想影响，他在地形处理方面手法细腻，山坡谷地起伏舒缓、错落有致，难以觉察人工痕迹。受到布朗深远辽阔构图影响，他常常设计大片疏林草地。受到唐宁的影响，他对大地风光、乡村景色、师法自然非常推崇。

4. 设计策略

1）激发“文化自觉”，实现“社会理想”

19世纪初期，美国社会经济得到巨大发展，但欧洲精英认为“美国文明没有文化灵魂”。在这种时代背景下，中央公园被赋予了“树立美国文化主体意识”的使命，因此“绿草坪”方案刻意保留场地中的大石块，用以象征纽约州的阿迪朗达克山脉和卡茨基尔山脉，利用“荒野”形象标榜美国独立文化性格（图3-3）。规划设计中弱化了轴线，避免了规则式格局，形成了与欧洲古典园林完全不同的风格。公园内种植了橡树、玫瑰花等大量乡土植物，被认为具备国家代表性，坚持地域性的植物景观和“爱国主义”密切相关。

图3-3 大石块的“荒野”形象

美国是移民国家，多元文化是美国社会的重要特征，在场地景观营建方面，始终将多元性文化因素考虑其中，公园每年举行大规模的戏剧表演、国际舞蹈等公益活动。共享是“绿草坪”设计最重要的主张，也是实现社会平等、自由民主的重要实践。中央公园为大众营造一个悠闲、宁静、惬意休闲娱乐场所，推进了社会文明的进程（图3-4）。

图 3–4　公园中悠闲的公众

2）设计结合自然，促进生态平衡

公园的建设并非人类单方面地向自然索取，不只是为“人”创造公共空间，还考虑了对本地自然资源的保护和修复，为动植物生存提供空间，中央公园的设计体现了自然设计、本土设计和生态保护设计的思想。它在原有的自然生态本底基础上，通过人工保护、修复、培育，实现了人造自然景观与城市生态系统的和谐共生。利用乡土树木、灌木、花卉、草坪构建生态系统，全园种植了 2.6 万棵乡土植物，如美国榆树、橡树等，公园的鸟类从最初的 121 种增加到 280 多种，发挥着自然生态保护区和天然调节器的功能，成为城市中各种野生动物重要的栖息地（顾宗武，2017）。

3）因地制宜，合理利用资源

纽约中央公园建园之初，园区内分布着高低不平的坡地、裸露的岩石、成片的沼泽地。设计师巧妙地利用了场地基地条件，在岩石外缘覆盖土壤，将岩石与草坪很好地融合在了一起，将沼泽积水抽到人工湖中解决积水和补水问题，同时弱化轴线，保持原有地貌（图 3–5）。通过因势而建的处理方式，原有地貌特征融入到建成的城市公园之中。现在纽约中央公园内部田园牧歌似的草坡疏林、高低起伏的小山丘和蜿蜒的公园道路以及四个平静如水的湖面，依然保留建园之初的场地基底特征。

图 3–5　沼泽水体与疏林草坡

4）空间布局策略

公园采用自然式的布局，保持场地原有地貌，弱化了轴线，意图运用自然的结构来改善城市的肌理。公园整体空间布局合理，景点循序递进。公园规划了四处大型水景，其中杰奎琳水库面积最大，它与城市界面衔接紧密，共同形成交融式的开敞空间。公园从北向南依次设置三处大草坪，即北部草坪、中部草坪和绵羊草坪。此外，公园中还设置了纪念性公共聚会场所草莓园、文艺演出场所黛拉寇特剧院，以及休闲运动场所拉斯科溜冰场等空间，详见图 3-6。

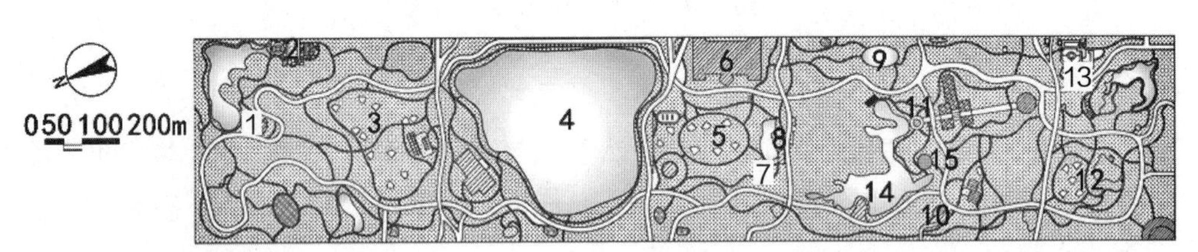

1—拉斯科溜冰场；2—温室花园；3—北部草坪；4—杰奎琳水库；5—中部草坪；6—艺术博物馆；7—黛拉寇特剧院；8—瞭望台城堡；9—保护水域；10—草莓园；11—毕士达喷泉；12—绵羊草坪；13—动物园；14—彭吉利特湖；15—樱桃山。

图 3-6　中央公园总平面图

5. 设计细节

1）完美的交通解决方案

公园南北长约4000m、东西宽约800m，过长的纵向边界阻碍了东西向的交通，为了解决这一难题，奥姆斯特德与沃克斯设计了 4 条横向交通道路，采用下沉式立体交通，与公园内部交通彼此独立，同时与城市交通系统无缝衔接。东西向的下沉道路系统，在两旁灌木遮掩下，完美地“隐藏”在地下，使游客难以察觉。公园内部的交通组织充分考虑均匀地疏散游客，使游客能够更快到达目的地，园内规划有一条约 9.6km 长的环形车道，以及密集的二级和三级路网。园内还设计了游步道、骑行、跑马路以及观光车道（图 3-7），道路采用流畅的曲线设计，达到最佳的游客体验。

图 3-7　立体交通与观光车道

2）丰富的功能主题场景

随着自由民主、开放共享理念的深入，公园功能经历了从风景观赏向休闲娱乐的转变，为公众营造悠闲宁静、惬意休闲的娱乐场所成为了重要目标。在建设过程中考虑了各个年龄、各个阶层、不同民族的需求，设置了排球、网球、足球、手球、滑雪等运动健身场地，植物园、动物园等观赏科普，美术馆、影剧院等文艺活动场所，大草坪、大湖面、游步道等休闲游憩空间。为满足儿童需要，1972 年，公园专门建设了儿童游乐场——赫克歇尔运动场。

3）以人为本的营建细节

公园为解决"城市病"而建设，体现了以人为本的思想。从设计细节可以感受到对人的关怀，大草坪、林荫道、大湖面给予了不同的空间体验。全园设置了 125 处户外直饮水点，遍布全园的咖啡店方便了游客；针对面积大、道路复杂，容易迷路的问题，设计了街灯柱导引系统。

4）雕塑系统

园内共有 60 多座雕塑，主要分为 4 大类。第一类是文学家、艺术家、科学家、政治家等世界名人雕塑，如德国音乐家贝多芬，意大利探险家哥伦布等；第二类是重大事件的纪念性雕塑，如缅因号战舰纪念碑；第三类是动物类雕塑，如 3 只熊等；第四类是纪实性和装饰性的雕塑，如印第安猎人、放鹰，其中毕世达喷泉是公园的标志性景点。

6. 经验启示

在中央公园 150 多年的历史中，公园经历了建设—衰败—复兴—再衰败—再复兴的历程。在建设管理、改造更新的过程中，设计者始终根据历史、文化、地域以及场地的实际情况，做出研判和决策，尽量满足各个阶层、全部年龄、不同民族的诉求，诠释了公共空间全民平等享用的精神。公园将生态价值统筹考虑进城市的整体运营中，充分发挥公园生态的引领作用。无论是生态环境保护，还是顺应时代的内容与功能，中央公园都完美契合了可持续发展的理念。

3.3.2 郑州双鹤湖中央公园

1. 项目背景与概况

随着海绵城市、生态园林城市等新理念的提出，"中央公园"成为城市新区建设的"标配"，如成都天府新区中央公园、上海嘉定中央公园等，它是落实国家生态文明建设重要举措，是贯彻"绿水青山就是金山银山"理念的实践，是实现城市美好人居环境的重要抓手。2013 年，国务院批准了《郑州航空港经济综合实验区发展规划（2013—2025 年）》，双鹤湖中央公园作为生态先行、绿色发展的"城市绿心”，迎来发展契机。2017 年，郑州市举办了第十一届中国国际园林博览会，加快推动了公园的落地。

双鹤湖中央公园（本节简称“公园”）位于郑州航空港经济综合实验区，2014 年郑州航空港实验区管委会邀请同济大学建筑设计研究院（集团）有限公司进行总体规划设计，2016 年设计完成，2017 年双鹤湖中央公园一期建成开放。建成后，公园成为彰显城市魅力、延续城市文脉、凝聚城市精神、保护城市生态的地标。公园五步一画，十步一景，清新花香、满目苍绿，成为“城市的绿肺”，是集娱乐、休闲、游览、生态为一体的综合公园。

2. 场地现状

公园位于郑州航空港经济综合实验区南部，双鹤湖片区的核心区域，距郑州市区约 50km，距新郑市区约 10km。公园位于东海路以北、梅河东路以东、志洋路以南，梁州大道南北向穿过公园东部的区域。公园总体规划面积 353hm^2，东西长约 5000m，南北宽 600～800m，一期占地面积 168hm^2，水域面积 50.2hm^2，景观绿地占地面积 117.8hm^2，项目总投资约 40 亿元。

3. 设计目标

公园以“科技生态”为主题，建设目标是成为引领区域发展的全民生态运动公园、双鹤湖畔风光优美的商务休闲空间。以科技为题，打造一个具有前沿性的智慧公园；以生态筑基，打造一个可持续性公园；以地域文化为媒介，打造一个具有文化传承和城市记忆的公园；以公园为核心，增强区域吸引力，带动周边相关产业的发展；兼顾园林博览会的展览功能。

4. 设计策略

设计采取景观都市主义设计原理，对传统都市公园理念升级与创新，赋予新的内涵。将公园蓝绿设施，城市地下空间、城市基础设施、城市服务设施等城市功能与文化有机衔接，使得城市与公园融为一体。

1）强化功能互补，统筹协调整体

公园具有数字化、智能化、全天候、全人群的特点，满足不同年龄、不同人群、不同地区、不同时间的游人需求。公园与周边基础设施和服务设施紧密结合，使得公园功能与城市业态的需求匹配，将公园与周边景点统筹协调，构成城市的公园系统，增强旅游竞争力。

2）描摹中原地貌，展现地域文化

设计的灵感来源于河南博物院的镇馆之宝，出土于郑州新郑地区的春秋时期的青铜器“莲鹤方壶”。设计抽象了“鹤”的造型，突出“智塬・鹤川”的主题，将山水形态之塬、中原文化之塬融为一体，利用虚实结合的轴线关系和开放式界面，将中原磅礴大气的园林风格与景观都市主义有机衔接，展示了郑州城市新形象，赋予了公园独特的文化“灵魂”。

3）营建城市绿心，平衡生态环境

公园蓝绿空间面积极大，有效改善了城市生态环境，保护了生物多样性。园区内植物种类丰富，达 341 种，形成了以乡土植物为主、外来植物为辅的局面。公园践行海绵城市理念，使公园形成一个海绵体，将公园与城市水系连通，对维持城市水生态环境的健康具有重要的作用。

4）空间布局策略

设计采取了中轴对称的均衡式布局，打造了“水与城”“园与丘”“花与田”三大互动关系，通过东西贯穿全园的水系形态，演绎了一园双湖的独特景观。南北临水的流线型开放式绿带的景观体系，诠释了水中有园、园在水中的生态绿色景观。以市政道路为界，形成“一轴两带、三区多元”的总体格局（图 3–8）。

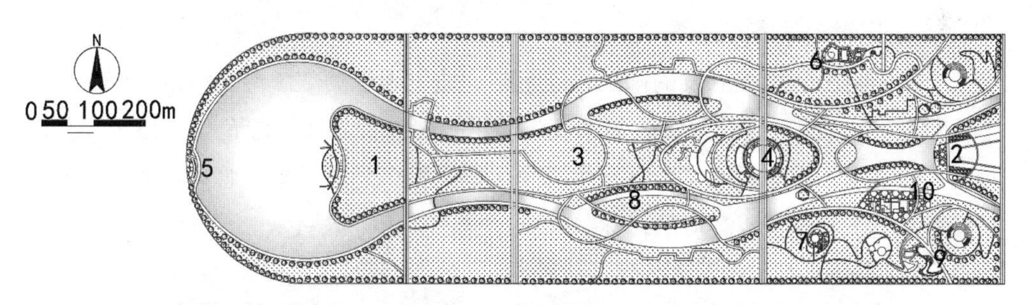

1—欢乐岛；2—鲜花港；3—探索岛；4—中心桥梁；5—星火莲灯广场；6—运动园；7—静心禅苑；8—鸟语林；9—五谷园；10—稻香园。

图 3–8 双鹤湖中央公园总平面图

“一轴”是缤纷博览轴；“两带”是智慧观光带、休闲体验带；“三区”是欢乐岛、探索岛、鲜花港三大景区；“多元”是 26 个主题特色园。

5. 设计细节

1）富于变化的竖向设计

基于场地的结构框架，公园梳理了地形地貌、河流水域、地面交通、地下空间、立体桥梁的竖向构思，结合游客行走体验塑造地形空间，创造出“移步换景”的园林空间体验（图 3–9）。桥梁是场地竖向设计的亮点，以“鹤舞仙姿”为设计理念，综合考虑了路网交通、水系景观、建筑风格、地域文化、景观视线等多种因素，打造了极具观赏性又可通行的桥梁 16 座。

2）科技赋能的智慧园林

公园引入智慧园林理念，将“智慧化”科技元素贯穿全园。游览者可享受到人性化的智能服务体系，如位置感知、园区导航、智能停车、电子监控、风景在线等；管理者可方便快捷地实现园区的监控及管理维护。公园也引入交互式科技，增强游客体验感，如光影成像、投影镭射水幕等，形成了一个人与环境互动，科技智慧赋能的城市中央公园。

图 3-9　立体交通系统

3）生态设计的海绵体系

公园采用了低影响开发的雨洪管理策略，通过雨水的“渗透、滞留、调蓄、净化、利用、排放”，结合雨水收集系统、雨洪智能监控系统、绿色生态屋顶、生态凹地、植草沟、生态透水铺装、水生态净化系统等多元化的雨水管理模式，从而实现修复水生态与改善水环境的目标。

4）贯穿全园的“鹤”文化体验

公园以莲鹤方壶为创意起点，将“鹤”元素贯穿到全园细节（图 3-10），既有星火莲灯广场的“鹤之灵”大型喷泉，又有桥梁、灯柱、步道、台阶等，摹其形，拟其态，或临水而立，或引颈欲鸣，或闲庭信步，或翩跹起舞。

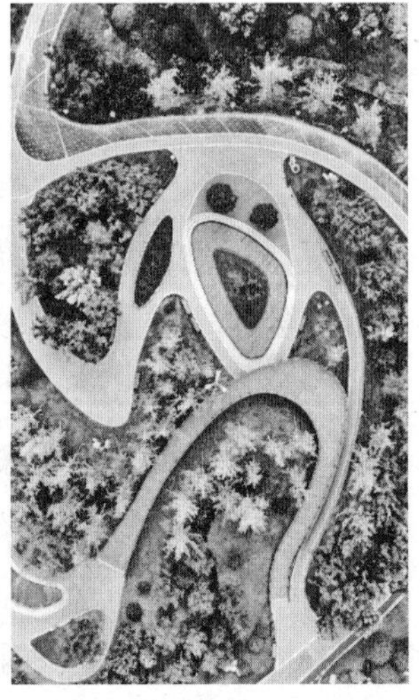

图 3-10　抽象翩翩起舞的“鹤”形

6. 经验启示

双鹤湖中央公园以园为载体，秉承“以水润城、以绿荫城、以文化城，以业兴城”的理念进入人们的视线，整个公园将“鹤”作为公园的符号，延续文化价值的同时传递精神凝聚价值。公园以“科技＋生态”为主线，赋予了“都市中央公园”新的内涵。

第4章

社区公园

4.1 社区公园设计理论

4.1.1 社区与社区公园概念

1. 社区（Community）

社区最初的含义是“共同的东西和亲密的伙伴关系”，20世纪30年代初，费孝通先生在翻译德国社会学家滕尼斯的著作《社区与社会》（Community and Society）时，将英文单词“Community”翻译为社区，并沿用至今。在《中国大百科全书》中，“Community”意为以一定地理区域为基础的人类生活共同体。社区一般应该具备以下几个要素：

（1）有一定的地域范围；

（2）有一定的人群；

（3）有一定的组织形式、共同的价值观念、行为规范及相应的管理机构；

（4）有满足成员的物质和精神需求的生活服务设施；

（5）服务对象一般为社区居民。

2. 社区公园（Community Park）

在《城市绿地分类标准》CJJ/T 85—2017中，社区公园是指用地独立，具有基本的游憩和服务设施，主要为一定社区范围内居民就近开展日常休闲活动服务，规模宜在1hm^{2}以上的绿地。社区公园是实现居民之间社会关系的重要载体，是居民日常生活最密切的公园绿地，为附近居民提供游览、娱乐、文化、健身等活动，以及防灾避险的场所。

4.1.2　社区公园分类

1. 按公园面积规模及服务半径

按规模、内容及服务半径，可将社区公园分为四类：微型社区公园、小型社区公园、中型社区公园和大型社区公园。不同规模的社区公园具有不同的用地指标限制，参考《深圳市社区公园建设标准（评审修改稿）》，社区公园的用地指标见表 4–1。

表 4-1　社区公园用地指标

公园规模	面积规模	服务距离	绿化用地	建筑用地	铺装用地	园路用地
微型	0.1～0.3hm^2	100～200m	≥ 40%	≤ 3%	16%～49%	≤ 8%
小型	0.3～1.0hm^2	200～250m	≥ 40%	≤ 3%	15%～49%	≤ 8%
中型	1～3hm^2	350～500m	≥ 45%	≤ 2%	14%～46%	≤ 7%
大型	3～5hm^2	500～600m	≥ 50%	≤ 2%	13%～41%	≤ 7%

2. 按社区公园与居住区的位置关系

社区公园与居住区的位置关系，决定着公园的使用对象、使用频率、空间布局，以及交通组织等。根据两者的位置关系，可以分为内含型、镶嵌型和相邻型三种，如图 4–1 所示。

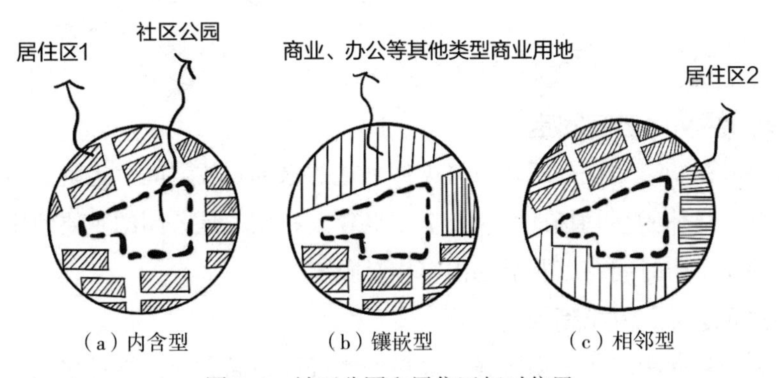

图 4–1　社区公园和居住区相对位置

内含型社区公园位于居住区的中间位置，其主要的服务人群是居住区内的居民。镶嵌型社区公园只有部分在居住区中，其主要的服务人群除了居住区内的居民外，还有相邻商业区等用地范围内人群，其功能设置必须考虑消费人群的流动性和对休憩设施的需求。相邻型社区公园不在居住区内部而是与之相邻，其主要服务对象包括相邻居住区的居民，以及相邻其他城市用地范围内人群，此类公园同时与两个或两个以上的居住区相邻，需要对相邻环境进行综合考虑，如武汉武昌公园、百步亭公园等（纪芳华，2009）。

4.1.3 社区公园功能

1. 提供居民体育锻炼和交往活动空间

社区公园服务设施布局较为灵活多样，可满足附近居民的日常游憩活动和体育锻炼的需要。社区公园为人们的活动创造了环境条件，居民可以在这里举办各种小型文娱活动，丰富人们精神生活的同时，也能拉近居民之间的距离。

2. 提供优美的生态环境

社区公园的建设目标之一是在城市居住区内部营造绿色生态游憩空间，公园绿地中的植物群落可以改善空气质量，增加空气负氧离子数量，有益居民的身心健康，还可为鸟类及昆虫提供栖息场所，建立人与自然和谐共生的生态空间。

3. 提供防灾避险临时场地

社区公园与各类公共服务设施、各级道路联系紧密，发挥着城市居民空间行为过渡转换职能，也是“城市梯级防灾避灾空间的重要环节”。

4. 促进土地增值经济发展

社区公园是居住空间品质的核心衡量要素之一，对住宅价格会产生溢出效应（魏伟等，2018）。社区公园具有资金投入较低、建设难度低等多方面的优势，对地产价值有着巨大的促进作用。

4.1.4 社区公园特点

1. 使用便利，访客固定

社区公园是距离居民住所较近且方便到达的绿色开放空间，为附近居民提供游憩、健身及文化休闲活动场地与设施。中老年人和儿童是公园的主要使用对象，他们来园时间、逗留时间，以及活动内容相对固定。

2. 布局灵活，功能简单

社区公园的面积较小，内容较为简单，在选址布局方面没有过多的限制，可以“见缝插绿”，灵活处理。社区公园的功能相对单一，园内配套的设施以满足附近居民日常生活所需的休闲、游憩、健身、社交等功能为主，不会作为城市旅游景点，也较难承载大型社会活动。

3. 空间开放，效益显著

社区公园注重体现社会的公益性，具有很高的开放程度。公园建设投资数额不大，建设周期较短，能满足附近居民的使用需求，最大程度地发挥绿色基础设施效益、城市公园社会效益和生态环境效益（李敏，2011）。

4.1.5　社区公园起源与发展

1. 国外社区公园发展简史

纵观世界城市公园的发展史，重大的转折都与当时城市的社会问题直接相关。20 世纪 20 年代，美国建筑师佩里提出了“邻里单位”理论，即以邻里单位作为居住区的基本单元，为纽约皇后区郊外的 Forest Hill 住区提出规划构想，使得社区成为一种远离交通干扰、内向、安全，以生活功能为主的居住空间模式。20 世纪 60 年代，为满足美国居民建立亲密社会互动的需求，美国掀起了一场反传统规划的运动，倡导式与交流式规划理论（Advocatory/Communicative Planning）兴起。这种规划对传统邻里单位社区规划所带来的社会隔离与分化等问题进行批判，社区概念开始超越物理围墙边界，转向一种由社会纽带所聚集起的特殊社群（Community），形成了一种非物质性的关系性边界。

在城市更新行动鼓舞下，美国政府开始整合利用居住区的周边绿地修建活动场所和游憩设施，开始使用“社区公园”这一概念。20 世纪 70 年代，城市中心区衰落导致社会隔离加剧，美、英等国家以社区为单位鼓励渐进式的“社区行动计划”，带动了社区公园建设的迅猛发展。到了 21 世纪，人群陌生化和行为失范化带来一股社会冷漠的激流，社区公园的特点使其逐渐演变为促进社会交流融合、和谐发展的场所，充当着异质性社会的黏合剂。塑造优质的社区公园成为政府重要的发展战略（何琪潇等，2022）。

2. 国内社区公园发展简史

我国的城市公园建设始于 1868 年西方殖民者在上海建成的“公共花园”。新中国成立以来，受苏联城市公园建设模式的影响，国内的城市社区规划更多采用的是“居住区”这一概念。直至 1986 年，民政部在开展社区服务的文件中首次将“社区”的概念引入城市管理（李文茂等，2013）。2002 年，建设部在《城市绿地分类标准》CJJ 85—2002 首次定义了社区公园的概念。此后，住房和城乡建设部颁布的《城市绿地分类标准》CJJ 85—2017 沿用了原标准中的“社区公园”概念，但取消了该种类下设的“居住区公园”和“小区游园”两个小类。

随着我国城市高质量发展，居民对活动空间的需求日益增长，社区公园的建设日益迫切。当前，社区公园已经成为城市建设重要内容。深圳市政府是早期的实践探索者，2005 年就制定了《深圳市社区公园建设与管理办法》。2021 年，国务院办公厅提出《关于科学绿化的指导意见》，在国务院政策例行吹风会上，住房和城乡建设部相关负责人提出建设分布均衡的公园体系，实现居民出行“300 米见绿、500 米见园”的目标，有效推动我国社区公园的建设。在研究方面，国内学者主要从社区公园分类、功能、使用者需求、场地设计、场地管理等方面进行了探索性研究，将老年人、儿童作为社区公园建设的重点对象的做法在政府、行业和学界达成了共识。为了提升公园的使用效率，采用定量和半定量的方法对社区公园进行使用后评估成为了重要的研究方向。

4.2 社区公园设计方法

4.2.1 设计原则

1. 人性化

人性化设计应关注不同空间尺度下居民的心理感受，依据功能需求建设不同的人性化空间，如亲地空间、亲水空间、亲绿空间等，让空间布局更富有人情味，促进居民之间的交流。也要考虑人的使用习惯等细节，特别是要关注儿童、老人等弱势人群（侯静等，2005）。

2. 公平性

在社区公园的选址、规模、服务范围、可达性等方面，尤其针对人口密度高、居民收入偏低的老城区，应遵循公平性原则，提高社区公园的数量和面积。

3. 安全性

社区公园的安全性对弱势群体，如妇女、儿童、老人、残疾人等极为重要。在多伦多某社区公园，公园的到访者中，男性是女性 2～3 倍，对犯罪活动的恐惧是主要原因（韦克利等，1995）。因此设计应该减少高墙、篱笆、灌木丛，以免造成迷路；要营造通透的视线走廊，提供清晰的标识系统和便捷的交通系统；夜间活动应集中安全空间，并提高照明标准等。

4.2.2 规划选址

公园的选址应考虑公园与社区的关系，以及周边公园情况，使其形成有效的绿色斑块网络。一是考虑社区居民的就近使用，布置在社区的中心区域，方便吸引人们的使用；二是从社区中日常使用人群和安全角度，尽可能靠近学校、老年人活动中心、图书馆、警察局等；三是选择自然条件较好的地块。

4.2.3 功能分区

为满足不同年龄、不同爱好的居民休闲游憩和文体活动的需要，应对公园进行合理的分区。社区公园的面积规模、社区周边环境质量等因素，决定了公园功能布局的基本模式。如美国密苏里州的霍索恩社区公园距离儿童医疗、康复和教育机构很近，同时还兼顾附近公司职员的需要，将公园分为入口区、儿童娱乐区、成人花园区和运动区（加文等，2006）。

4.2.4　道路系统

社区公园中的道路分为主路、次路和小路。主路连接各活动场地，具有指引性功能，次路和小路供居民休憩散步。根据面积规模采取不同的道路等级设置，如表 4–2 所示。

表 4-2　社区公园内园路的适宜宽度（m）

道路等级	大型	中型	小型	微型
主路	3～5	3～5	2～3	1～2
次路	2～3	1～2	1～2	—
小路	1～2	—	—	—

4.2.5　园林建筑

园林建筑是社区公园中重要的人际交往空间，宜布置在附近居民步行路线的附近，保证通达性，并满足不同天气状况下居民的使用需求。公园规模不同，适宜选用的建筑类型也不同，见表 4–3。

表 4-3　社区公园规模与适宜选用的建筑类型

建筑类型	建筑项目	大型	中型	小型	微型
游憩建筑	亭 / 廊	●	●	●	○
	棚架 / 膜结构	○	○	○	○
	桥	○	○	○	○
服务建筑	小卖部	●	○	○	○
	厕所	●	○	○	○
管理设施	管理办公室	●	●	○	○
	变电室 / 泵房	●	○	○	○

注：“●”表示应设；“○”表示可设。

4.2.6　植物景观

设计应尊重并保留原有的地形和植被，减少对自然条件的破坏；尽量使用当地的乡土植物，降低维护成本；应避免选择有毒、有刺、会产生异味的植物；适度规划草坪空间，发挥防灾避灾功能。

4.2.7 水体景观

根据公园空间类型采取不同的水景营造策略，创造亲水效果。人工水景应采用水体循环利用方式；可进入式水景水深不应大于0.3m，以避免儿童溺水，并在水底做防滑处理，自然式水景如溪流、涉水池等，应体现自然趣味。

4.3 社区公园设计案例

4.3.1 美国纽约泪珠公园

1. 项目背景与概况

美国纽约泪珠公园（Teardrop Park）位于多功能社区 Battery 公园城，该社区在曼哈顿下城区的西南侧。项目委托迈克尔·范·瓦肯伯格及其合伙人景观设计事务所（Michael Van Valkenburgh Associates）负责设计，设计时间为 1999—2006 年。项目建成后，2009 年获得 ASLA 综合设计荣誉奖，协会认为“该公园是真正的都市绿洲，通过大胆的创举，将人们的思绪带离城市高层建筑，公园适合各个年龄阶段的人群，提升了人与人之间的亲密感”。

2. 现状分析

场地是 20 世纪 80 年代堆填哈德逊河形成的填河区，面积约 7300m^2，场地沙化严重，浅层河水不断渗入，地下水位较高，限制了场地可能达到的土层深度。场地位于 4 栋高层建筑中央，场地北侧开阔，没有建筑遮挡，形成了阳光充足区域；南侧受高层建筑影响，光照严重不足，形成阴影区。场地东、西通道容易遭受哈得逊河吹来的强烈干冷风，位于建筑物之间的空间则能免受这种痛苦。光照、水土、气流等多种限制条件的综合作用，在一定程度上决定了景观元素、游憩项目和植物群落的取舍和空间分布。

公园使用者包括社区居民、附近学生、上班族，以及附近疗养院的老年人。项目面临两个方面的挑战：一是克服光照严重不足、场地拥挤狭小、地下水位过高，以及干冷风等环境因素的干扰；二是业主 The Hugh L.Carey 炮台公园管理局希望公园游乐设施能够满足需求，且与附近的洛克菲勒公园大型游乐设施相互补充，沙坑、戏水区、草坪的面积要达到一定规模，拥有独特的自然环境，满足可持续发展要求。

3. 设计目标

景观设计师与业主设计评论小组经过多次讨论，获得了大量场地信息、技术决策支持、材料选择和建设实施建议，提出了为所有使用者提供能够满足自然元素、乡土材料、休闲娱乐、自然教育、绿色可持续发展目标的空间体验。

4. 设计策略

1）场地功能分区策略

基于场地特征和光照情况，设计将公园分为南区、北区和过渡区三个部分。北侧阳光充足区域是一个凹形空间，由草地滚球区、阳光草坪两个大草坡和 1 个为儿童探险体验设置的迷你沼泽地等构成；南侧光照不足区域处理成凸形空间，有沙坑、感应水池、攀登滑梯等，可以满足儿童游戏，区域内活动丰富紧凑，竖向高差变化多样；中间过渡区域是一面高 3.66m，由本地蓝石垂直叠放的特色景墙（即冰水景墙），将南北两侧分割成热闹与静谧、积极与消极的空间，见图 4-2。

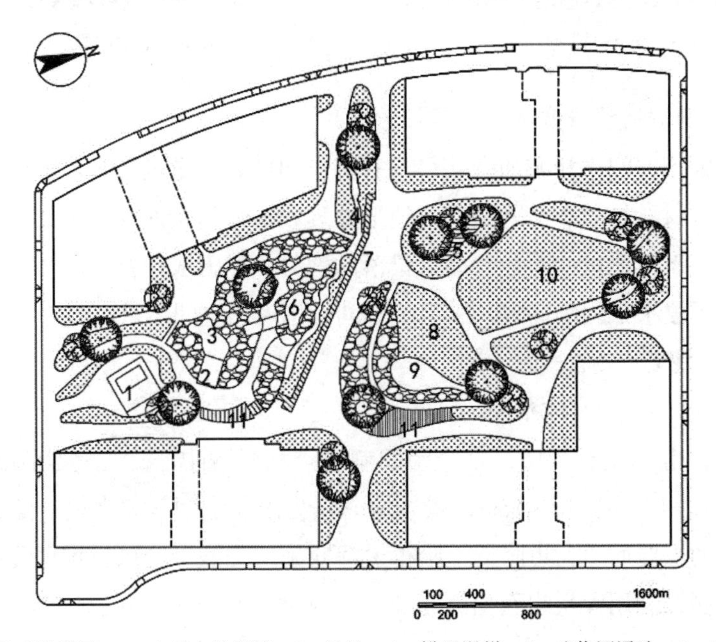

1—学步儿童游乐区；2—木质台阶座椅；3—沙坑；4—攀登滑梯；5—迷你沼泽池；6—感应水池；7—冰水墙；8—草地滚球区；9—阅读角；10—阳光草坪；11—景墙。

图 4-2　泪珠公园总平面图

2）自然主义设计策略

设计采用绿色可持续发展的自然主义策略。场地土壤来自建设纽约世贸中心挖掘的深层土壤，为了满足植物生长，设计模拟植物自然生长过程进行生物改良，实现土壤再生。公园大量选用乡土植物，通过大量植物配置实验，营造绿色、可持续的植物景观，减少在后期维护过程当中使用化肥、化学药剂等物质。公园灌溉水除了来自中水，还有公园地下储水管收集的雨水。作为自然主义公园，设计运用石头、沙、水、植物等自然元素，创造儿童的冒险空间，给孩子们带来了期望、庇护、神秘的发现之旅，赋予了儿童游乐空间新的含义（图 4-3、图 4-4）。

图 4-3 岩石探险

图 4-4 儿童滑梯

3）丰富的空间营造策略

如何在狭小空间中让游憩者获得丰富的空间体验，是设计师面临的挑战。设计通过景墙、石材、植被、高低错落的地形处理和错综复杂的动线道路，形成丰富多元空间体验，蜿蜒曲折的石径与高低错落的地势浑然天成，营造出步移景异的景观效果，突破了狭小空间的局限，满足了不同使用者的空间需求。

5. 设计细节

1）公园的名片——冰水墙

冰水墙，也称蓝石景墙，是全园的制高点和景观中心，也是公园的标志与名片。冰水墙长约 51m，高 3.66m，将场地分隔为南北空间，冰水墙的隧道是联系公园南北空间的重要通道，也降低了哈得逊河吹来的强烈干冷风对场地北部的影响。在冰水墙南侧，利用大块岩石抬高场地，形成喷水游乐区，并由一个 7.62m 长的滑梯连接到下部的沙坑。

为了唤起公众的共鸣和归属感，业主希望在场地中能够体现纽约凯兹基尔山脉（Catskills）的景观印象，设计师和艺术家携手，模仿自然界沉积岩形成的片状形态，将蓝石堆叠成蓝石景墙。它不仅是一种视觉艺术元素，更是重要的象征符号，隐喻了纽约重要的历史文化信息。设计将水引入石墙内部，使得水体常年从石缝中缓慢流出，墙体长满青苔，展现自然生机活力（图 4-5）。

2）丰富多彩的游乐场所

体验自然环境是青少年成长的重要环节。设计师通过独特的地形、互动的喷泉、天然的石材和密集的种植等自然元素，创造了不同儿童游乐空间。无论是喷水游乐区，或是滑梯和沙坑区，还是围合的学步儿童游乐区，以及隐藏的迷你沼泽地游乐区，都是从青少年游玩的心理认知角度来进行设计，通过攀岩、滑索、探险等参与性活动，激发儿童学习自然知识的欲望，让儿童在游玩的同时加深对自然元素的认知，赋予景观教育的功能。

图 4–5　冰水墙

3）大草坪与沼泽地

北侧阳光草坪形成的开阔空间与南侧复杂多变的空间形成强烈对比。大草坪既是避难场所，也迎合了居民晒太阳的休闲需求。沼泽湿地位于场地北侧，属于冒险类场地。内部茂密的植物、弯曲的道路引导游人探索未知场地。植物郁郁葱葱，道路尺度小而弯曲，铺装则使用粗木桩，使这个场地充满野趣，是泪珠公园自然生态主义的点睛之笔（图 4–6）。

图 4–6　阳光草坪与沼泽地鸟瞰图

6. 经验启示

公园采用现代景观设计手法诠释自然主义，从自然中提炼设计元素，结合美学和技术支持，用自然元素演绎现代公园。与传统儿童游乐场相比，泪珠公园采用自然界中常见的水、石、沙、植被等设计元素，回归了人类对自然环境本能热爱的属性。

4.3.2 长沙山水间社区公园

1. 项目背景与概况

场地属于长沙中航城国际社区，该社区位于长沙市雨水时代阳光大道489号，社区占地面积约60hm^2，是一个集居住、文化商业、休闲娱乐于一体的复合型国际社区。2014年，开发商邀请张唐景观设计事务所承担设计，2015年公园建成并投入使用。项目引入“都市农场”的概念，打造邻里会客厅，为业主营造出舒适的交流场所，邻里间可以在此互动、沟通、探索，享受美好生活。山水间社区公园对自然、生态、邻里互动生活理念的倡导，成为中国当代社区公园营造的典范，2015年该项目获得世界建筑节年度最佳景观奖。

2. 现状分析

场地面积1.4hm^2，是一个典型的高密度社区公共绿地，四周被超高层住宅包围，要为几千名业主提供户外活动空间。场地原有两座小的山体和废弃的池塘，地形呈盆地状，高差起伏较大，现状山体乡土植被丰富，土壤质地良好，优良的山水格局给公园景观营造提供了无限的可能。公园营造不可避免地导致部分林地和耕地自然环境被不透水表面取代，地表径流也随之剧增，使得低洼处具有洪水隐患。

3. 设计目标

一是要满足社区全体业主的不同使用需求；二是要满足自然主义和生态主义的理念；三是要为业主营造一个永续的、活跃的、舒适的互动交流空间。因此，以自然主义和生态主义为准则，互动参与式、包容式的社区公园形象呼之而出。

4. 设计策略

1）“山水间”构想

基于设计目标，设计师提出了“山水间”理念构想。“山”是指尊重保留原始的地形地貌、景观格局和植被，体现了人与自然的和谐共生。“水”是通过生态雨洪管理系统，将来自山体的地表径流，经雨水花园和生态湖自然净化、曝氧、循环，回归自然。“间”是构建多功能、参与式的交流空间。设计依靠山势建造儿童活动场地，将“大昆虫”自然主题引入儿童活动区，制作了各种昆虫形态的互动雕塑，让前来玩耍的孩子们获得自然教育。

2）空间策略

基于场地形态、竖向条件和功能需求，将场地划分为落水剧场、生态湖区、阿基米德雨水花园、阳光大草坪、山林乐园 5 个区域。设置了入口广场、水景墙、镜面水池、阿基米德雨水花园、生态湖、互动雕塑、林下木平台、山林乐园等众多的空间，见图 4–7。

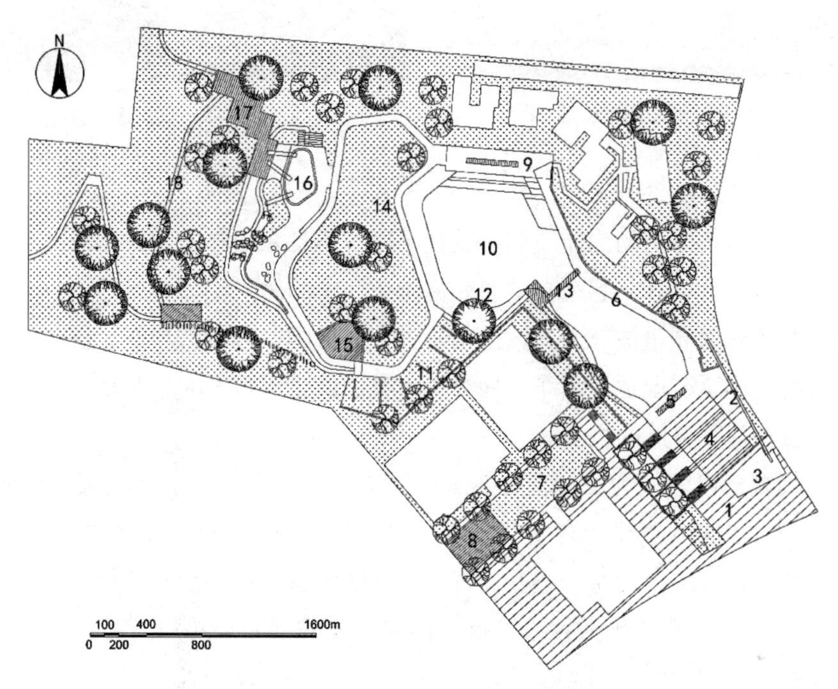

1—入口广场；2—水景墙；3—镜面水池；4—落水剧场；5—互动景观说明牌；6—滨水步道；7—镜池台地；8—休息庭院；9—阿基米德雨水花园；10—生态湖；11—叠落旱溪；12—落溪水渠；13—小桥；14—互动雕塑；15—林下木平台；16—山林乐园；17—山中眺望台；18—上山小径。

图 4–7　长沙山水间社区公园总平面图

5. 设计细节

1）水景墙与镜面水池

入口处的水景由耐候板材料制作的 LOGO 水景墙和镜面水池两部分组成。耐候板粗犷的质感与自然环境完美融合，镜面水池水深仅 6cm，可供孩子们玩耍。

2）阿基米德雨水花园

阿基米德雨水花园由螺旋式抽水器（图 4–8）、观察水渠和雨水花园 3 个部分构成。访客可以转动抽水器，将湖水抽上观察水渠，而后流进雨水花园进行水质净化，最后再次汇入生态湖（图 4–9）。整个设计通过有趣的人力取水方式，使公众参与到了雨水净化系统中。同时，旋转转盘还设计成凹面镜与凸面镜两种形式，为取水过程增添了更多趣味性。

图 4-8　螺旋式抽水器

图 4-9　生态湖

3）山林乐园

山林乐园靠近保留的山体一侧，设置了以“栖息在山林中的大昆虫”为主题的大型互动雕塑群。设计灵感来自“弗列格游记”中的巨人国，这里的蚂蚁、青虫、瓢虫等昆虫的雕塑体量被夸大，营造了一种“巨虫国”的梦幻气氛。孩子们通过与阳光、植物、小溪、湿地、瀑布、鸟类、鱼类、昆虫等自然元素互动，获得感知、触摸、学习和享受自然的机会。

大蚂蚁雕塑以蚂蚁为原型，用 8mm 直径的钢条编织后喷涂白色氟碳漆制作而成（图 4-10）。这组雕塑共有 3 只蚂蚁，最大的蚂蚁尾部开洞，可供孩童钻入其中，体验变成蚂蚁宝宝的奇妙感受。青虫互动雕塑将青虫的形态与传声装置结合，两端喇叭有放大声音的传播效果，孩子们在玩耍的同时还可以了解声音传播的知识，并兼备座椅的功能（图 4-11）。

图 4-10　大蚂蚁雕塑

图 4-11　青虫雕塑

4）生态性设计

项目综合应用生态雨洪管理系统，生态湖蓄水体量达 260m^3，可滞留场地范围 100 年重现期，降雨历时 1h 的短时暴雨水量，储存的雨水资源能够满足场地 3 个月无雨水补给情况下的景观用水。雨水循环利用系统通过地下蓄水设施收集来自汇水区的地表径流，然后流入雨水花园和生态湖，再通过循环设施使其循环流动。生态湖区种植了苔草、睡莲、再力花等，并投放食藻虫、田螺等生物营造生态环境，维持水体生态平衡。

6. 经验启示

美国理查德·洛夫的著作《林间最后的小孩》，描述的儿童“大自然缺失症”现象，引发了人们对当代教育的反思。户外自然环境体验对孩子的平衡能力、灵巧度、身体协调性、触觉灵敏度和深度感知能力都非常有益，项目将各类自然元素引入，通过互动参与式的活动，促进孩子们之间、孩子们与自然的联系。项目采取生态的雨洪管理模式，构建了一个低维护、可持续的景观。

第5章

植物园

5.1 植物园设计理论

5.1.1 植物园概念

植物园（Botanic Garden）是外来语，译为“植物的原地”，最初是以调查、采集、鉴定、引种、驯化、保存、保护为主的植物专类园。从世界上最早的植物园发展至今，已经过近500年的演变，随着科学发展与人类需求的变化，其内涵和功能均发生了诸多变化。

在19世纪初的《美国百科全书》（The Encyclopedia Americana）中，植物园被认为是“在一定的土地范围内种植所收集的丰富种类植物群，服务于科学研究、科普教育和经济等用途的园林”。1935年，我国著名造园学家陈植教授在其著作《造园学概论》中将植物园定义为“植物园乃各种植物聚植一处，供学术上之研究及考证者也”，从学术研究方面界定了植物园的功能。随着时代的发展，《中国大百科全书：建筑园林城市规划》对植物园作了更为详细的解释：“从事植物物种资源的收集、比较、保存和育种等科学研究的园地，还作为传播植物学知识，并以种类丰富的植物构成美好的园景供观赏游憩之用。”明确了植物园具有科研、教育和游赏的作用。1989年，世界自然保护联盟的植物园保护秘书处（IUCN-BGCS）和世界野生生物基金会（WWF）在出版的《植物园物种保护战略》中提出，植物园是“包含科学收藏，同时保护、记录和标记所收集的植物，兼具游憩、教育和研究的功能，并向公众开放的花园”，明确了植物园的公共空间属性。

2000年，国际植物园保护联盟（Botanic Gardens Conservation International，BGCI）将植物园定义为：“拥有活植物收集区，并对收集区内的植物进行记录管理，使之可用于科学研究、保护、展示和教育的机构”。我国对于植物园最新的定义为：“植物园是进行植物科学研究、引种驯化、植物保护，并供观赏、游憩及科普等活动，具有良好设施和解说标识系统的绿地。”明确了植物园是开放公共的绿色活动空间，承担了教育科普等功能。

5.1.2　植物园分类

根据 BGCI 统计，全球有超过 3000 个植物园类的植物学机构。由于植物的多样性，采用一种分类标准往往很难涵盖所有的植物园，所以需要采用综合的分类方法。BGCI 根据这个方法将植物园分为 12 类，包括综合植物园、观赏植物园、历史植物园、保护性植物园、大学植物园、动植物园、农业植物资源植物园、高山或山地植物园、自然或野生植物园、园艺植物园、主题植物园、社区植物园。

5.1.3　植物园功能

1. 多样性保护

随着全球生态环境破坏导致生物多样性呈下降趋势，植物园成为保护生物多样性的有效方式之一。通过对珍稀濒危植物资源等植物种质资源实行迁地保护，有效延长了植物的存活时间。

2. 科学研究

植物是开展科学研究的基础材料，开发新优品种、保护濒危植物、观察记录植物生长等工作对植物的应用均有积极作用。

3. 科普教育功能

科普教育是植物园的基本功能之一。植物园内有完整的科普解说系统，是公众了解植物、认识自然和展开环境教育的最佳场所，也是人们亲近自然的重要媒介。游客可以直观感受到植物形态的差异、生态习性及进化历程，能够在潜移默化中认识到植物进化与人类生存的密切关系。

4. 休闲游憩功能

植物园作为城市公园系统的重要组成部分，承担着提供绿色资源的重要任务。通过园中丰富的植物景观，以及结合场地环境的景观营造，为市民提供观赏游憩的公共空间，甚至成为一些城市的旅游热点。

5. 文化艺术功能

植物园是科学与艺术相结合的产物，通过合理利用园内的植物资源，从文化和美学出发，围绕植物创造具有独特意义的植物景观。

5.1.4 植物园特点

1. 丰富的植物资源

植物园是一个以植物为主的博物馆，丰富的种质资源是植物园的基本特征。植物园里种植着大量不同类型的活体植物，为植物利用提供了宝贵的物质基础和实验材料。

2. 高水平的科学研究

科学研究是植物园建设和发展的原动力，植物园都设有研究所，例如柏林大莱植物园（Berlin-Dahlem Botanic Garden）以植物地理学的研究著称于世，美国的阿诺德树木园（Arnold Botanic Garden）以植物分类学而闻名，华南国家植物园则侧重于植物资源保护与利用，西双版纳热带植物园主要从事保护生物学、森林生态系统生态学和资源植物学等方面的研究。

3. 优美的园林景观

国内外著名植物园都是科学与艺术的结晶，园内的植物经过规划设计，以植物展览为特色，以丰富的植物空间层次为亮点，展示自然界的植物之美。

4. 广泛的公众参与

广泛的公众参与有效地提升了植物园作为公共生活空间的活力，唤醒植物园的文化潜能和多元价值。公众参与的实现有赖于各类组织团体和政府力量的共同推动，公园通过定期举办科普教育、自然教育、特色游览活动，加强公众对植物园的生态、历史、文化的关注和保护。2014 年，中国植物保护联盟制定了《植物园公众科普计划》，支持植物园成为中小学科普教育基地。

5.1.5 植物园起源与发展

1. 西方植物园起源与发展

欧洲中世纪的药草园是植物园的早期形式，最初以栽培收集各地药用植物为主要目的。

1）16 世纪—18 世纪中期

最早的植物园出现在中世纪和文艺复兴时期的欧洲。1543 年建设的意大利比萨（Pisa）植物园被认为是世界上最古老的植物园，该植物园建设在比萨大学，由植物学家吉尼建设完成，是意大利科学和文化中心之一。1545 年，在意大利北部帕多瓦大学内建立的帕多瓦植物园（Orto Botanico dell' Università di Padova）被认为是世界上在原址保存最久的植物园，1997 年被联合国教科文组织列入世界遗产名录，成为首个被收录至该名录的植物园。1545 年修建的佛罗伦萨植物园是欧洲第三古老的植物园，由佛罗伦萨大学负责管理，这三个植物园都是为了满足附属医学系的教学需要而建设的药草园。1593 年，法国最古老的植物园蒙彼利埃植物园（Jardin Botanique de Montpellier）建成，至今仍然属于蒙彼利埃第一大学的医学院所有。1635 年，巴黎植物园（Jardin des Plantes de Paris）开始修建，历经半个世纪得以建成。受宗教、欧洲古典园林的影响，早期的植物园多采用规则式布局，到 18 世纪上半叶，植物园建设逐渐摆脱意大利古典园林的影响，形成了规则式、自然式、混合式多种形式共存局面。

2）18 世纪中期—20 世纪初

18 世纪中期到 20 世纪初是植物园发展的第二个阶段。随着工业化的快速发展，欧洲、北美对生物资源需求旺盛，因此在全世界广泛地调查收集植物资源。1759 年，世界三大植物园之一的英国皇家植物园邱园（Kew Garden）建成；1836 年，英国谢菲尔德植物园（Sheffield Botanic Garden）开园。在英式自然风景园林的影响下，植物园的景观朝着自然美的方向发展，生态学思想的萌芽为植物园发展迎来了黄金期。

19 世纪以后，美国植物园经过长期的摸索和学习后，逐步取代欧洲成为植物园建设和景观艺术创新的中心。在此期间，相当数量的美国植物园凭借完善的科普教育、雄厚的科研力量、严谨的科研工作、先进的园艺技术、丰富的植物收集量，以及高效的管理机制形成了自身发展特色，成为了世界植物园体系中的重要组成部分。这一时期美国建成的植物园包括埃尔金植物园（Elgin Botanic Garden，1801）、密苏里植物园（Missouri Botanical Garden，1859）、纽约植物园（New York Botanical Garden，1891）、亨廷顿植物园（Huntington Botanical Garden，1903）等，其中纽约植物园拥有美洲最大的温室和美国最大的标本馆。这一时期，通过有机地融合科学和艺术，植物园有了更多的社会和美学特征，植物园的教育功能也开始进入人们的视野。

3）20 世纪初至今

20 世纪初期到中期，西方国家植物园已经达到鼎盛时期。城市公园、城市美化运动的兴起，使得植物园成为公园化和城市美化的参与者。此后，随着研究功能地位的下降以及政府资助经费减少，植物园开始向公众开放来增加收入，使得植物园更加突出景观、园艺展示和科普教育功能。20 世纪中期以后，植物资源生物可持续利用、生物多样性保护、全球气候变化、环境变化和生态修复、公众教育等成为植物园的主要议题，植物园的研究活动再次兴起。1987 年，BGCI 在英国邱园成立，开始在全球范围建立植物园会员关系。2002 年，BGCI 组织起草的《全球植物保护战略》得到《生物多样性公约》第六届缔约方大会批准实施，开启了植物园致力于保护植物多样性的新纪元。

2. 中国植物园起源与发展

我国最早的植物园雏形可以追溯到汉代上林苑，该宫苑由汉武帝刘彻于建元三年（公元前 138 年）扩建而成，苑内设有引种南方花木的扶荔宫，这是最早关于植物引种的记载。

1）19 世纪 50 年代—20 世纪 50 年代

19 世纪 40 年代以后，西方列强用枪炮打开了我国的大门，植物园也随之传入我国。我国第一批植物园由殖民者所建，如香港动植物园（1861）、台北植物园（1895）、恒春热带植物园（1906）等，这也是我国现代植物园的起源。此后，一批有西方留学经历的植物学家将植物园思想传输到中国，并自主建园，根植于我国植物研究与教学，开创了我国现代植物园先河，如陈嵘创办江苏甲等农业学校树木园（1915）；钟观光创建笕桥植物园（1928）；胡先骕、陈封怀、秦仁昌创办庐山植物园（1934）等。

2）20 世纪 50 年代—80 年代

20 世纪 50 年代后，我国开始了大规模的植物园建设。1956 年，我国第一个中长期科技规划《1956—1967 年科学技术发展远景规划纲要（修正草案）》中，植物收集就被列入了“植物引种驯化培育的理论研究”项目。中国科学院先后建立了沈阳应用生态研究所树木园、华南植物研究所（华南植物园）、中国科学院植物研究所北京植物园、武汉植物园、西双版纳热带植物园等，促进了植物园的建设。

3）20 世纪 80 年代至今

20 世纪 80 年代以后，林业、城市建设和教育行业主管部门也纷纷开始建设植物园、树木园，我国植物园建设进入快速发展时期。21 世纪以来，中国科学院启动了植物园知识创新专项，提出了本土植物迁地保护战略，中国植物园联盟组织实施“本土植物保护（试点）计划”“植物园国家标准体系建设与评估”，在群落建园理论与方法、生态建园理论等方面展开了一系列工作，取得重要进展，提出了植物引种收集和迁地保护管理规范。

2021 年，我国国家植物园体系建设正式启动。2022 年，北京国家植物园在北京正式揭牌，同年 7 月，华南国家植物园在广州正式揭牌。2023 年 9 月，国家林草局、住房城乡建设部、国家发展改革委、自然资源部、中国科学院联合印发了《国家植物园体系布局方案》。按照国家植物园体系建设目标，到 2025 年，我国将设立 5 个左右国家植物园，使 70% 以上的国家重点保护野生植物、55% 以上我国珍稀濒危野生植物得到迁地保护，初步建立协同高效的国家植物园管理机制。到 2035 年，力争设立 10 个左右国家植物园，使 80% 以上的国家重点保护野生植物、

70% 以上我国珍稀濒危野生植物得到有效迁地保护，基本覆盖我国生物多样性保护优先区域，基本建成较为完善的国家植物园体系，开启了我国植物园建设的新篇章。

5.2　植物园设计方法

5.2.1　设计原则

1. 生态性原则

植物园作为综合性的园林景观，其规划建设需要符合生态性原则。应充分尊重场地现状，利用园区现有的条件，运用生态化的设计策略和先进的绿色建设技术，选择低成本和低影响的方式，进行植物保护、恢复，改善园区内的生态系统。

2. 自然性原则

植物景观营造应通过模拟植物群落的自然生境，以及生态系统的特征，使得植物能够完成植物个体和群落的生活史，营造一个有利于群落演替的生态系统。

3. 科学性原则

植物园的规划建设具有丰富的科学内涵，应遵循科学性原则，包括科学的植物收集、科学的规划布局、科学的科普教育，以及科学的研究活动。

4. 功能性原则

植物园是专类的公园，具有复合的功能特征，规划过程中应遵循功能性原则，以满足植物保护、科学研究、科普教育、休闲游憩等功能。

5. 艺术性原则

优美的植物园景观具有强大的吸引力，通过形态对比、节奏韵律、尺度变化、虚实呼应、疏密相称等艺术手法塑造植物景观，为游客营造丰富的游览体验。

6. 地域性原则

地域性原则是指在植物园规划设计中，突出表现乡土植物，以及乡土文化的元素。

5.2.2　规划选址

随着城市发展，植物园的选址由城市中心区逐渐转向城市近郊区、自然风景区、生态破坏区等区域。植物园选址时应考虑社会因素和自然环境因素，远离工业区，满足交通可达性，以科学研究为主的植物园选择在交通方便的远郊区，以科学教育为主的植物园选择在交通方便的近郊区。

5.2.3 植物设计

植物应结合植物园功能分区进行布置，植物园植物布局通常依据恩格勒（Engler）系统、哈钦松（Hutchinson）系统，如邱园的月季园和杜鹃园。在满足艺术性的同时，还应依据科学原则进行种植，满足植物景观可持续发展。

5.2.4 道路设计

园路将园中的植物划分为不同区域，组织游人游览，同时与其他景观要素构成有机的整体。植物园的园路布局多采用自然曲线型的形式，从而适应自然式植物景观。

5.2.5 建筑设计

植物园的建筑在满足功能基础上，应尊重原始的地形地貌，维持原生景观及原生生境，使得建筑与环境融合。植物园中的建筑一般分为展区建筑、服务型建筑和科研型建筑三种。展区建筑的主要功能是展示特色植物、科普知识、艺术作品、人文历史遗迹等，这类建筑常布局在主要的景观游线上。公园管理处、游客中心等服务型建筑是为植物园的游客提供购票、餐饮、购物、咨询等需求的一类建筑，主要布局在入口、广场等人流集散的场所。实验室、标本馆等科研型建筑为植物研究提供场所，常布局在靠近苗圃实验地的位置。

5.2.6 水景设计

植物园的水景根据其不同形态，包括河流、湖泊、瀑布、泉水、池塘、喷泉等。设计时候应依据对象功能、安全、观赏需求等因素合理地设置。

5.3 植物园设计案例

5.3.1 英国邱园

1. 项目背景与概况

邱园（Kew Garden）全称英国皇家植物园邱园（Royal Botanic Gardens，Kew），是世界上最著名的植物园之一，也是世界植物分类学研究中心，拥有世界最大的植物类图书馆。18 世纪早期，奥古斯塔公主希望能够收集世界各地花卉植物，修建一座“永垂不朽”的花园。1771 年，在班克斯的领导下，“植物猎人”被派往各地采集植物，并记录所有遇到的物种，并收集种子，制作标本，使得邱园植物种类迅速增长。1789 年出版的《英国皇家植物园》中，植物种类数量已经达到 5600 种，到 1813 年，种类更是高达 11000 种。2003 年，邱园被联合国教科文组织世界遗产委员会批准为世界文化遗产，列入《世界遗产名录》。

邱园坐落在伦敦西南部的泰晤士河南岸的里士满（Richmond），18 世纪初被选定为英国皇室居住区。1759 年，在首席园艺师威廉·埃顿（William Aiton）和植物学顾问布特爵士（Lord Bute）的建议下，英国威尔士亲王的遗孀奥古斯塔（Augusta）在庄园中建立了一座占地 3.6hm^2 的植物园。同期，威廉·肯特（William Kent）受邀设计了里士满庄园。18 世纪 70 年代，里士满庄园与邱园合并，成为邱园的雏形。由于邱园引种了许多低纬度地区的植物，温室的需求被提上了日程。1761 年，威廉·钱伯斯（William Chambers）主持建设了第一批温室。1840 年，邱园被移交给国家管理，并逐步对公众开放。此后，经皇室的三次捐赠，邱园的规模达到了 130hm^2。

2. 现状分析

邱园总体呈长方形，大致呈东北—西南走向，东北侧毗邻 A205 大道，西北侧紧靠泰晤士河，西南侧为保护区，东南侧紧邻 A307 大道。邱园设有 26 个专业花园和 6 个温室园，专业花园有日本园、竹园、岩石花园等，温室有威尔士王妃温室、温带温室等，收集了约 5 万种植物，约占世界已知植物的 1/8。邱园有 40 座具有历史价值的古建筑物，如钟楼（The Campanile）、宝塔（Pagoda）等。

3. 设计目标

邱园经历了 200 多年的发展，从单一的植物收集和展示，成功转型为集教育、展览、科研、应用为一体的综合性植物园，每年的游客高达 100 万人次。1987 年，国际植物园保护联盟在邱园成立，开始向解决全球环境问题提供方案，并尽可能保护物种，同时承担了自然科普的职责。21 世纪初，邱园的发展达到了鼎盛，成为全球植物收集、研究、交易中心。这一阶段植物园的任务延续了收集、转运植物，但更加注重物种经济价值研究，同时，就地、迁地保护，生态修复思想开始萌芽。

4. 设计策略

在长期发展过程中，受到多种因素影响，邱园的设计策略出现了多种模式并存的局面。其一是受卡尔·冯·林奈（Carl Von Linne）的著作《自然系统》影响，形成了以植物分类学、系统进化进行分区展示。邱园植物博物馆的哈钦松综合运用了乔治·本瑟姆（George Bentham）和约瑟夫·胡克（Joseph D. Hooker）两个流派分类体系，形成了哈钦松分类系统，将显花植物分为草本为主和木本为主的类群。邱园以分类系统进行展示的区域集中在南部区域，占总面积的 60%。这种布局策略具有较强科学性，适合开展系统性、专业性的植物科普知识活动。其二是按照生境、地理分布、植物用途进行分类的主题园和专类园分区营建，将同一类型、同一主题的植物进行栽培展示，如水生花园、树木园、杜鹃园、草园等，以及棕榈温室、温带温室、睡莲温室等。

邱园的布局在早期规则式基础上经过多次重要的修正。18 世纪中后期，布朗（Brown）的改造形成了自然的平面形态。19 世纪中期，奈斯菲尔德（W. Nesfield）对邱园进行重新规划，以三条透景轴线为骨架，一主多次环线道路串联湖、池、丘、谷的平面布局，最终形成了折中的自然风景式布局（图 5-1）。

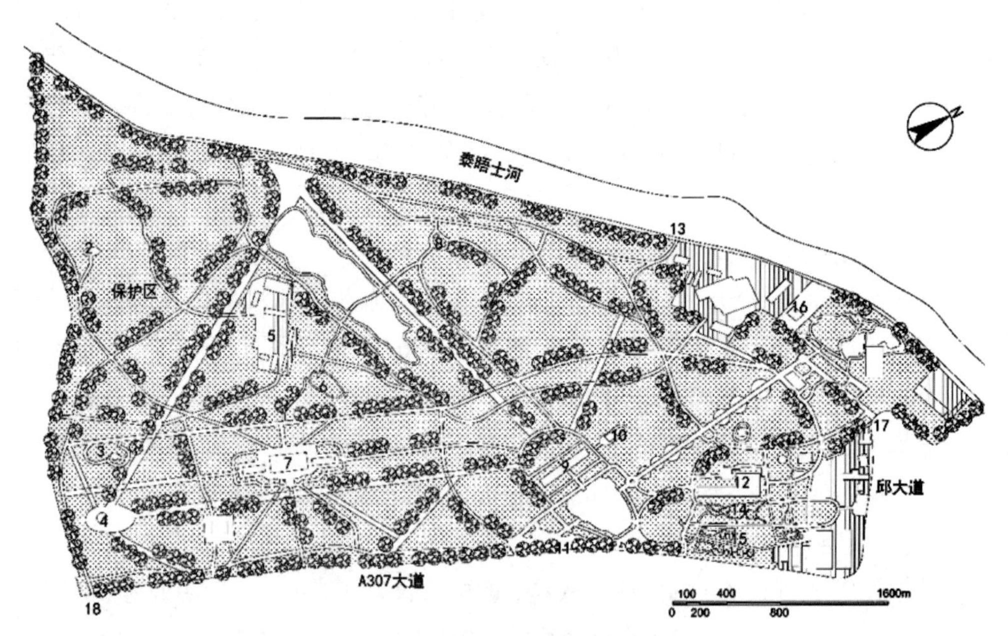

1—林地步道；2—夏洛特女王别墅；3—日本园；4—宝塔；5—苗圃；6—树梢步道；7—温带温室；8—竹园；9—棕榈温室；10—睡莲温室；11—维多利亚门；12—威尔士王妃温室；13—布伦福特门；14—岩石花园；15—厨房花园；16—邱宫；17—伊丽莎白门；18—狮门。

图 5-1 邱园总平面图

5. 设计细节

1）设计风格

自然风景式造园手法对邱园的营建影响深远，早期的邱园采用了规则式的设计手法，设计了几何形式的场地边界、矩形的水池和深远的轴线。18 世纪中后期，布朗对园区的风格进行了改造，注重地形的塑造和自然形态，呈现出英国自然风景园的特征。

维多利亚时期，在胡克父子的主持下，造园家威廉·内斯菲尔德和建筑师德西姆斯·伯顿为邱园的更新做出了巨大的贡献，体现了英国“如画式”和“园艺式”

并存的自然风景园特征，自然曲线与规则几何形式并存，有明显的折中倾向。受到“中国热”及“园艺式”造园理念的影响，邱园借鉴了借景与对景手法，两个温室与宝塔、人工湖、远处的泰晤士河之间形成三条相互对望的景观轴线，草地平整，乔木稀疏，成为全园最重要的景观控制廊道。在棕榈温室等建筑附近，设计运用了规则式模纹花坛装饰。1946—1986 年，邱园的设计延续了上一时期风格。工艺美术运动和英国现代主义园林发展对邱园风格影响极大，呈现出复杂多样的景观形态，丰富了植物景观风貌。

2）入口大门设计

邱园东南侧建有维多利亚门，西北侧邻近泰晤士河，有布伦特福特门，东北侧是伊丽莎白门，西南侧无出入口。伊丽莎白门由伯顿设计，1846 年建成，是驾车来园游客的主入口，中间为车辆通行的双扇铁艺门，两侧为行人通过的小门，雕刻的波特兰石柱配上 17 世纪詹姆士一世时期流行的铁艺、雕花纹饰和皇室徽章，古朴而高贵。维多利亚门的造型与伊丽莎白门相似，于 1889 年英国女王生日当天正式开放，它是距离邱园地铁站最近的一个门，公共汽车也在此停靠，是游人通行量最大的门（图 5–2）。

图 5–2　维多利亚门

3）透景线

邱园有 3 条宽阔深长的透景线，即宝塔透景线（Pagoda Vista）、塞恩透景线（Syon Vista）和雪松透景线（Sedar Vista）。它们构成首尾相连的三角形，形成参观游览的骨架系统，连接了园中的各个景点，透景线为宽阔的草坪大道，两侧为各种高大的乔木（陈进勇，2010）。

宝塔透景线是奈斯菲尔德和伯顿规划的主要轴线之一，长 850m，从宝塔经过温带温室到棕榈温室是游览东部地区的主要路线，轴线两侧混合种植着落叶阔叶树与常绿针叶树，形成框景。塞恩透景线长 1200m，从棕榈温室经过湖区到泰晤士河边，草坪大道两旁种植橡树、水青冈等乔木，在轴线端点可看到泰晤士河水潮涨潮落的景象，并将河对岸的塞恩别墅及农庄作为借景，延长了透景线视距（图 5–3）。雪松透景线从中国塔穿过树木区至泰晤士河边，沿路树种丰富，植物群落景观各异，是游览南部树木区的主要路线（图 5–4）。

图 5–3　塞恩透景线

图 5–4　雪松透景线

4）景观大道

邱园有几条著名的景观大道，即布罗德路、冬青路、山茶路、樱花路。其中布罗德路最为宽阔，由主入口通向棕榈温室，轴线两侧是高大的大西洋雪松和北美鹅掌楸，是游客从主入口到棕榈温室的必经之路。冬青路、山茶路四季常绿，最适合秋冬季和春季观赏。樱花路以樱花而得名，樱花树下种植的球根花卉，春季是最佳的观景季节（吴晗，2019）。

5）专类园区

邱园建成了数十个风格独特的花园，有规则式的女王花园（图 5–5），有自然式的岩石花园（图 5–6）。这些花园风格迥异，因此相对独立，自成一体，形成各具特色的植物专类园，体现了不同时代的园林风格和特色。

图 5–5　女王花园

图 5–6　岩石花园

6）建筑景观

邱园有 40 余座古老而富有特色的建筑。邱宫（Kew Palace，图 5–7）是邱园最古老的建筑，于 1631 年建成，为 4 间红砖瓦房，1781 年被乔治三世购买后成为皇室家族度夏的地方。邱园宝塔（图 5–8）由威廉·钱伯斯于 1762 年建设完成，是一座外观呈八角形的砖塔，也是英国唯一的中式皇家宝塔。塔高 50m，共 10 层，宝塔灰墙红轩，塔顶边缘盘绕 80 条彩色木龙。

图 5–7　邱宫

图 5–8　宝塔

棕榈温室是邱园最受欢迎的建筑之一，也是邱园的标志性建筑，更是世界上现存为数不多的维多利亚时代玻璃钢结构建筑（田书雨，2016）。这座建成于 1848 年的维多利亚时代的温室高 20m，面积 $2248m^2$，线条流畅，别具特色，见图 5–9。温带温室位于棕榈温室至宝塔的透视线上，是邱园目前最大的温室，用于展示亚热带植物（图 5–10）。

图 5–9　棕榈温室

图 5–10　温带温室

6. 经验启示

邱园从最初的植物收集园、展示园成功地转变为集游览、教育、科研、应用于一体的综合机构，其突出的植物种类及植物景观在世界范围内享有盛誉。一是尊崇“源于自然，高于自然”的艺术法则；二是多样化的科普教育形式等；三是艺术性、科学性与原真性的有机融合。邱园较好地保存了园林遗产资源的原真性，有机地融合了艺术性和科学性，增强了邱园的遗产价值。

5.3.2 上海辰山植物园

1. 项目背景与概况

为了改善上海城市生态环境质量，提升城市绿化水平，加强生物多样性保护，提高植物科研水平，满足市民科普教育、休闲旅游的需求，体现让绿色来演绎“城市，让生活更美好”的2010年上海世界博览会主题，规划建造一座物种丰富、功能多样、具有世界一流水平的植物园被提上了日程。2004年，上海市政府同意批复了辰山植物园总体规划，2005年，上海市绿化管理局遴选了德国瓦伦丁城市规划与景观设计事务所的方案，上海市园林设计院完成了深化方案。2007年，上海辰山植物园正式开工，2010年初步建成并对外开放。

如今，上海辰山植物园已经成为上海市的城市名片，是公众认知植物、贴近自然的阵地，为上海2500万居民提供了一个理想的休憩场所，是集科研、科普和观赏游览于一体的综合性植物园（图5-11）。辰山植物园是国家4A级旅游景区、上海市及全国科普教育基地、上海市专题性科普场馆，国内植物研究最重要的科研基地之一，也是我国与世界植物科研交流的重要平台和上海向世界展示科技、文化的重要窗口，年游客量超过100万人次。

图5-11 辰山植物园鸟瞰图

2. 现状分析

场地位于上海松江区松江新城北侧、佘山西南，东起辰山中心河，西至千新公路，南至辰花公路，北达沈砖公路、辰山塘、佘天昆公路。园区占地207hm^2，公园修建前有村庄、农田、鱼塘、河道、企业厂房和林场。除了辰山外，基地内地形平坦，海拔 2.8～3.2m，辰山最高点海拔 71.4m。辰山因采石形成两个大型矿坑和悬崖峭壁，高约 10～60m。西侧矿坑底部为一个深潭，深约 30m。该地区成土母质多为湖泊沉积物和河流相冲积物，土壤绝大部分为青紫泥或青紫土土属，养分丰富，土壤 pH 值呈中性或微碱性，适宜植物生长。植物园周边有辰山塘、油墩港等河道，现状水质相对较差，这是场地面临的挑战。

3. 设计目标

辰山植物园的总体定位是立足华东，面向东亚，以“精研植物、爱传大众”为使命，积极参与国际事务，面向国家战略和地方需求，进行区域战略植物资源保护及可持续利用研究，致力于建设成为全球植物研究中心和植物学高端专业人才的培养基地。

辰山植物园功能定位是以植物引种、驯化为手段，以建立区域性、生物多样性中心，地带性植物群落类型和建成全国植物园网络体系重要组成部分为目标，以旅游观光为主要支撑，以实体、活体植物展示与网络虚拟互动、室内外结合为展示方式，成为集研究、植物种源保存、观赏植物开发、园艺技术发展和民众植物教育普及等功能于一体的综合性植物园。

4. 设计策略

1）设计构思

辰山植物园总体构思是解构篆书中的“园”（圜）字，其外框为绿环，代表着植物园的边界，限定了植物园的内外空间，并对内部空间形成防护措施。框架中的三个部首，表达了植物园中的山、水和植物三个重要组成部分，即园中有山、有水、有树，反映了人与自然的和谐关系，体现了江南水乡的景观特质。

2）总体布局

植物园由内外两个不同的功能区域组成。内部区域为植物园核心展示区，延续原有的山水构架，将各个专类植物园有机衔接形成一个整体。外围是配套服务区，设置科学实验、宿营基地等设施。绿环呈带状布局，是辰山植物园独具特色的景观亮点，起着划分园区内外空间并引导视线的作用，也是整个植物园的纽带。随着绿环上下起伏变化，形成宽度 40～200m 的环形，为植物生长创造了丰富的生境（克里斯朵夫·瓦伦丁，2010）。辰山塘、沈泾河两条河流将植物园自然分成三个片区：北区、南区和东区（图 5-12）。辰山塘以西、沈泾河以北区域为北区，也称山体区；辰山塘以西、沈泾河以南区域为南区，规划了若干个专类和特色园区，是游览的主园区；辰山塘以东为东区，规划为以华东区系植物收集为主的专类园区和珍稀濒危植物收集区。

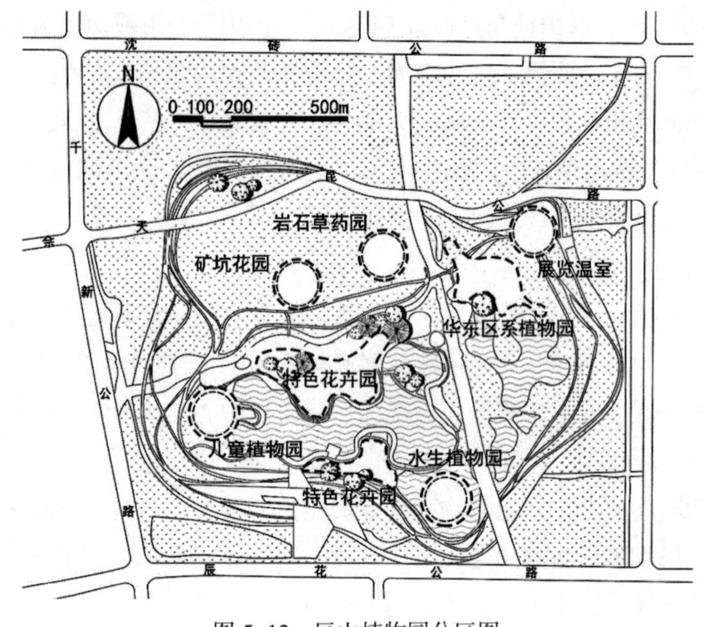

图 5–12　辰山植物园分区图

3）生态水网系统策略

植物园采取了内部沟通、外部隔离等设计策略控制污染、减少径流水量、净化水质、提高水质。园区内设置了多处河水处理场，植物园外围的河水经处理后进入园区水系统，由北向南，再利用多层级水生植物净化，再汇入中心湖区和湿地，形成水系循环、净化、利用的生态水网系统。

4）土壤动态监测与改良

针对园区瘠薄土壤和客土对植物生长的压力，通过对土壤质量的动态监测和重点区域的土壤改良措施，确定“适地适树”的种植方案，以及“改土适树”的土壤改良措施。

5. 设计细节

1）植物景观规划

山体区以辰山山体为核心，结合山体的自然地貌、植被情况，规划专类园。前山因开采石矿，植被已破坏，利用矿坑改造矿坑花园、岩石草药园。南区有水生植物园、特色花卉园、儿童植物园等若干个专类和特色园。东区有以华东区系植物为主的专类园区和珍稀濒危植物收集区，以及大型的展览温室，图 5–13 为位于特色花卉园的观赏草专类园。

2）矿坑花园

矿坑花园总面积约 4.3hm^2，高差 70 余 m，由高度不同的四级山体、台地、平台、深潭构成（图 5–14），设计由清华大学建筑学院朱育帆教授工作室完成。设计面临诸多挑战：一是场地内植被稀少，岩石风化，水土流失严重，需要修复严重退化的生态环境；二是需要挖掘和有效利用矿坑遗址的景观价值。

图5–13　观赏草专类园

图5–14　矿坑花园

为了应对采石矿坑特殊的生态环境，设计师通过地形重塑和增加植被构建新的生物群落；针对裸露的山体崖壁，保留并尊重崖壁真实景观，让崖壁在雨水、阳光等自然条件下进行自我修复。设计师采取现代设计手法诠释东方自然山水文化，在平台处设置“镜湖”，倒映山体优美的曲线。在山壁之上，开辟出一条山瀑，水从山顶一泻而下，与岩石撞击时带来美妙的水流声。通过设置瀑布、钢筒、栈道、一线天、浮桥、隧道、花园灯，使得一处危险的、不可达的废弃地转变为人们亲近自然山水、体验采石工业文化的游览胜地（图 5-15）。

图 5-15　矿坑花园局部

设计师通过辨识场地内的复杂信息、判断废地价值、尊重历史客观结果并延续其发展脉络，明智地采用最小干预策略，转化、重构场地信息层系统，完成多重改造目标，建立起人与自然新的和谐关系（孟凡玉，2017）。项目获得 2011 年英国景观行业协会（BALI）的英国国家景观奖（国际类）、2012 年 ASLA 景观设计综合类荣誉奖等众多荣誉。

3）展览温室

温室面积为 12608m^2，由热带花果馆、沙生植物馆和珍奇植物馆组成，为亚洲最大展览温室。建筑造型复杂、体量巨大，绿色、节能的设计理念得到了贯彻和实施，建筑的技术和艺术得到完美统一。

6. 经验启示

设计突出“生态优先”原则，尊重场地的原有特征，因地制宜地进行规划设计，营建具有特色的江南水乡植物景观。设计以科学为内核，以艺术为外貌，坚持科学与艺术的结合，使其真正具有科学内涵。无论是创新的设计理念、极具现代感和前瞻性的主体建筑，还是现代的科普设施，以及环保节能技术，都赋予该植物园现代的生命和活力，真正体现植物园的科学内涵和艺术展示相结合，是 21 世纪植物园建设的良好典范。

第6章

工业遗址公园

6.1 工业遗址公园设计理论

6.1.1 工业遗址公园概念

遗址公园是以重要遗址及其环境形成，在遗址保护和展示等方面具有示范意义，并具有文化、游憩等功能的绿地。遗址公园的首要功能是遗址的科学保护及相关科学研究、展示、教育，其次是合理建设服务设施、活动场地，承担必要的景观和游憩功能。

2003年，国际工业遗产保护联合会（TICCIH）通过了《关于工业遗产的下塔吉尔宪章》（简称《下塔吉尔宪章》），明确了工业遗产是包括具有历史、技术、社会、建筑或科学价值的工业文化遗迹。工业遗址除了场所内的工业厂房等建（构）筑物、生产设施装置等遗留物之外，还包括场地自然环境，保护应遵循完整性、就地保护、可持续发展、最小干预等原则。

工业遗址公园是随着工业的发展变革而衍生出来的一种特殊形式的公园类型。随着全球经济转型，工业生产模式发生改变，大量工业厂房、设施被剩余、弃置，将这些闲置的工业设施、人造物遗留和矿山开采遗址等进行改造利用，转化成为供公众进行游憩、观赏、娱乐、科教等活动的城市开放空间，即工业遗址公园。如美国西雅图煤气厂公园、德国北杜伊斯堡景观公园、法国雪铁龙公园、加拿大维多利亚岛布查特公园、广东中山岐江公园等，都是典型案例。

6.1.2 工业遗址公园分类

1. 按照工业生产性质分类

依据工业生产性质的不同，工业遗址公园可分为港口（码头）公园、船厂公园、矿场公园、炼铁厂公园等，见表 6-1。这些公园按照与城市的位置关系，又可以分为城市和郊野两大类型；根据矿区的性质和地形植被，分为矿山森林公园、矿区公园、河湖公园等。

表 6-1　依据工业生产性质分类

位置	性质	举例
郊野工业遗址公园	矿区公园	北戈尔帕公园、科特布斯公园
	河湖公园	Biville 采石场
	矿山森林公园	Musital 采石场公园
城市工业遗址公园	港口（码头）公园	泰晤士河岸公园、甘特里公园
	船厂公园	中山岐江公园
	矿场公园	波鸿城西公园、诺德斯顿公园
	炼铁厂公园	杜伊斯堡公园，北京首钢工业遗址公园
	煤气厂公园	西雅图煤气厂公园
	水泥厂公园	广州芳村水泥厂公园
	砖瓦厂公园	海尔布隆砖瓦厂公园
	水处理厂公园	丹佛城北公园

2. 按照保护利用目的分类

按照对工业遗址保护利用的目的不同，工业遗址公园可分为保护型、再生型和综合型三类。保护型以保留完整的工业遗址为主要目的，建设静态的博物馆式工业遗址展示基地。这类公园多位于郊区，应尽可能保护场地原有基底，如澳大利亚北悉尼 BP 石油公司遗址公园。再生型工业遗址公园主要将工业遗产作为可增值的文化要素，以保留的工业遗存作为主题，注入新的功能以激发整个区域的活力。这类公园多存在于城市中心区，开发强度较高，形成工业主题的景观，带动周边产业的发展，如荷兰飞利浦前工业区都市改造项目 Strijp S。综合型工业遗址公园在空间形式上和内容上兼顾了使用性质与功能，既实现了城市公共设施的高效使用，又促进区域经济的活力。该模式通过城市综合体、混合街区等多种方式为城市注入活力，在工业遗址公园的规划方法上，综合了保护型与再生型工业遗址公园的经验，兼顾保护与发展的均衡，形成了综合型工业遗址公园模式。

3. 按照遗址与城市空间关系分类

根据遗址与城市在空间上的相对位置关系，工业遗址公园可以分为郊野工业遗址公园和城市工业遗址公园。郊野工业遗址公园面积大约为 50～250hm^2，通常由城郊大型工厂或矿场改造而来，适合大型的活动和园林展览，如德国杜伊斯堡公园。城市工业遗址公园面积大多在 30hm^2 以下，位于城市内部，主要由一些城市小型工厂改造而来，如美国煤气厂公园等。

6.1.3 工业遗址公园功能

1. 塑造城市文化形象

工业遗址公园作为城市公园的重要组成部分，是城市文化的重要载体。工业遗址公园通过挖掘工业遗址文化资源，整体提升城市的文化氛围，丰富城市文化的内涵，使得城市的整体形象得以体现。

2. 延续城市历史文脉

工业遗址公园的自然条件、地理环境、人文情怀、工业建筑等都是城市历史文脉的延续，经过时间洗礼和历史考验，为城市留下印记。这些印记是延续特定历史时期工业文化、历史、经济的重要物证，这种文脉传承的特质使城市历史性更加完整。

3. 再现城市生机活力

工业遗址公园是城市更新和发展的必然选择，能够提升城市的独特魅力。工业遗址公园的改造和再利用，促进已经衰败的地区经济和文化的再度复苏，将昔日的工业遗址改造成适宜居民休闲娱乐的公园，提升商业发展的潜力，创造城市生活的多样性，以此实现城市的有机更新。

4. 改善城市生态环境

工业遗址公园对工业遗产的改造和再利用顺应环保理念，避免大拆大建的行为，减少了对公共资源的浪费，通过对受到污染的土壤、水体等的治理，提升工业遗址内部环境质量，从而改善周边生态环境。

6.1.4 工业遗址公园特点

1. 保护与活化利用相结合

工业遗址公园注重对场地的记忆和对工业遗迹及人造物的适当保留、改造利用，在尽可能保留工业建筑及场地特性的基础上，通过转换、对比、镶嵌等多种手法对场地创新设计，形成适合现代发展需求的空间，并采用现代科技及生态手段，使其重新焕发生机。

2. 场所记忆与环境相融合

一座文明的城市，会将具有历史文化价值的工业遗址作为展现工业文明、保留历史记忆的载体，以工业遗址公园的形式保留下来，促进工业科教、工业遗址旅游的开展，对城市可持续发展具有重要的意义。

6.1.5 工业遗址公园起源与发展

1. 国外工业遗址公园起源与发展

工业遗址是工业遗产的一种主要形式，伴随着传统工业衰退而产生，在工业文化遗产保护运动中逐渐得到认可与重视。工业遗产保护与利用始于城市功能的转变，20 世纪 60 年代，随着城市社会经济发展，城市的工业生产功能弱化并迁出。早期政府对旧工业区保护与利用缺乏深刻理解和认识，大量工业厂区被搬迁拆除，这种现象引起了社会广泛关注，有识之士开始呼吁社会重视保存工业遗产，欧美等地区的发达国家对旧工业区的更新与改造进行了探索。随着人类对环境保护意识的逐渐加强，对工业弃置地的改造及更新有了全新的认识，希望通过改造设计使场地重生，使得工业弃置地朝着多元化、多样化及综合性的方向发展，工业遗址保护因而进入一个新的阶段（陈圣泓，2008）。

1978 年，第三届工业纪念物保护国际会议在瑞典召开，会上成立了国际工业遗产保护协会，协会成立后相继通过了三个重要文件。2003 年，在俄罗斯下塔吉尔，《下塔吉尔宪章》通过，提出了保护和利用原则、规范、方法等。2011 年，在爱尔兰首都都柏林，《关于工业遗产遗址地、结构、地区和景观保护的共同准则》通过，强调了工业遗产保存环境与非物质文化遗产的重要性，倡导对工业遗产进行“活态保护”，认识到持续活态遗产使用对于其传承发展的意义，为工业遗产保护利用研究提供了依据。2012 年，《亚洲工业遗产台北宣言》在中国台北通过，要求尊重亚洲工业遗产的特殊性，强调本土制造工艺和设施都是历史的一部分，为亚洲工业遗产申报世界文化遗产奠定了基础。

1975 年建成的美国西雅图煤气厂公园，是世界上第一个正式的工业遗址公园，标志着工业遗址公园建设的开端。20 世纪 80 年代末，后工业景观设计的发展使工业遗址的美学价值开始凸显，设计师开始在景观重建及游憩重组方面进行探索。1991 年，彼得・拉茨（Peter Latz）将德国鲁尔杜伊斯堡 A.G Tyssen 钢铁厂改造成北杜伊斯堡公园（Landschafts Park Duisburg-Nord），大量的工业元素被保留、利用、再加工，形成了特殊的艺术形式效果，吸引了来自世界各地的游客参观。20 世纪 90 年代之后，工业遗址改建项目逐渐走向成熟化，如伦敦河畔的老旧发电厂被改建为泰特现代美术馆，成为城市工业遗产再利用的标志性案例。2006—2014 年间，由纽约市政府出资，詹姆斯·科纳（James Corner）主持设计了美国纽约曼哈顿高架铁路公园，即高线公园（High Line Park），为纽约赢得了巨大的社会经济效益，被认为是工业遗产公益性开发的成功典范。

2. 国内工业遗址公园起源与发展

我国工业遗址公园的雏形，可以追溯到广州番禺莲花山风景区内的莲花山石景区和绍兴东湖风景区，这两个成形于古代的工矿采石场近年来被开辟为采石场遗址风景区和公园。20 世纪 90 年代，我国进入城市建设高峰期，城市大量厂区和工业建筑被迁出或拆除。随着民众意识的不断提高，人们认识到工业遗产存在的意义，对其实施保护利用的呼声也越来越高。这一时期，由于工业遗址的改造和再利用在我国尚无先例可循，在城市规划、建设体系中也未能将之纳入管理范畴，使得工业遗迹的改造利用陷入无章可循之境。

2001 年，俞孔坚教授将广东中山市粤中造船厂旧址改造为中山岐江公园，成为我国工业旧址保护和再利用的一个成功典范。此后，我国许多城市开展了工业遗迹保护与利用工作，将工业旧址与现代艺术设计结合改造成工业遗址公园、文创街区等，如北京 798 艺术区和首钢园、重庆鹅岭贰厂文创公园、成都东郊记忆公园，受到游客的欢迎。

2004年底，国土资源部出台了《关于申报国家矿山公园的通知》，“国家矿山公园”的概念首次出现在官方文件中，文件提出将游憩作为国家工业遗址公园的主要功能，以工业遗址公园建设带动当地旅游行业的发展。2006 年，首届中国工业遗产保护会议在无锡举行，会议以“重视并保护工业遗产”为主题，通过了加大工业遗产保护力度的“无锡建议”，这是中国工业遗产保护的一个里程碑，标志着中国工业遗产的保护进入了一个新的阶段。

2021 年，工业和信息化部颁布了《推进工业文化发展实施方案（2021—2025 年）》，提出结合地方资源特色和历史传承，将工业遗产融入城市发展格局，保持功能协调、风格统一。鼓励利用工业遗产和老旧厂房资源，建设工业遗址公园、工业博物馆，打造工业文化产业园区、特色街区，培育工业旅游、工业设计、文化创意等新业态、新模式，不断提高活化利用水平，为我国工业遗址公园的进一步建设指明了方向。

6.2 工业遗址公园设计方法

6.2.1 设计原则

1. 整体保护原则

对工业遗产的保护不仅要强调建筑遗产，更要重视工业遗产整体环境的保护。具体来说是保持工业遗产的结构、空间、环境等的原貌，确保遗产的真实性和整体性，并向人们展示工业文化和历史信息。

2. 生态性原则

对工业遗址公园设计要秉持生态的理念，对资源进行可持续的利用。工业遗址往往处于生态不平衡的状态，因此应先对生态环境进行保护和调节，恢复植被、野生动物的活力，使其达到平衡后，再进行设计和创作，创造出具有地域特色的工业遗址生态景观。

3. 功能性原则

工业遗址的功能由遗址本身与城市之间的关系所决定。应结合城市的文化特色，使旧厂区变成对市民开放的公园，提供观赏和游览的场地；应充分利用原有的建筑物、构筑物和工业符号，通过现代设计手法，使其具有新的意义；应将废弃的工业遗址变成生动的休闲娱乐公园，再现曾经的光辉历史。

4. 场所性原则

场所性是空间与时间的综合体现，是还原历史风貌和人文情怀的精髓所在。设计应尊重工业遗址的历史和面貌，对其设施、结构和空间等有选择地保留和改造，以保证工业遗址的完整和真实，使人们能够从此情此景中还原曾经的历史文化风貌，起到震撼心灵的作用。

6.2.2 总体布局

工业遗址公园规划布局应延续工厂的景观要素和特色氛围，充分考虑每个空间的功能，将场地规划成为有历史、有文化、有效益的综合开放空间，将原有工业生产的尺度转化为人性化的场所，把工业景观转化为人文景观，实现场地内涵的根本转变。

6.2.3 道路广场

道路设计应结合原有地形及道路进行合理的规划，达到开放性、可达性、美观性等要求。道路广场的铺装设计在考虑安全性、耐久性、生态性的同时，还应满足协调性、艺术性要求，充分利用场地废弃材料、场地故事及标识，体现场所精神、烘托环境氛围。

6.2.4　建筑小品

建筑与小品设计应秉承工业景观理念，对场地上原有工业建筑、构筑物、机械设备和与工业生产相关的运输仓储等设施，采取景观化处理。其一是采取整体保留以前工厂的原状，在改造后的公园中，可以感知到以前工业生产的操作流程；其二是部分保留具有典型意义的、代表工厂性格特征的工业景观、具有历史价值的工业建筑等，使其成为公园的标志性景观；其三是保留建筑物、构筑物、设施的一部分，从而展示以往工业景观的蛛丝马迹，引起人们的共鸣。

6.2.5　植物景观

植物设计应尊重自然再生的过程，保护场地上的自生植物，创造出与常规园林不同的景观特征。对于污染严重或极度贫瘠的场地，在受破坏的生态系统不可逆转的情况下，应对土壤进行改良，促使植被的自然再生。对于未受污染的土壤，应在充分保留利用原有植被的基础上，塑造适宜市民游赏的园区绿化结构。

6.2.6　水体景观

工业生产和水有着很密切的关系，工业衰败的同时，也留下了很多受污染的河流、水渠、集水池等，如采矿留下的凹谷等。因此，工业遗址改造对水的处理非常关键。可以将工业水渠改造成自然河道，进行河流的自然再生，提高抗洪能力并补充地下水源，为野生生物创造栖息地和廊道。

6.3　工业遗址公园设计案例

6.3.1　西雅图煤气厂公园

1. 项目背景与概况

西雅图煤气厂公园（Gas Work Park）位于美国华盛顿州西雅图市的北部，距市中心约 20 分钟车程，是世界上第一个在工业旧址上利用资源回收方式改造建成的公园。它不仅是一个标志性的“棕地”改造设计案例，公园自身复杂的修复历史也对景观设计产生了深远的影响。场地原址属于华盛顿天然气公司旗下的一家煤气厂，1956 年工厂倒闭后，处于闲置状态，堆积多年的垃圾、废料、污染物等对周围土壤、水资源、生态环境产生了严重的影响。1962 年，西雅图公园管理部门将工厂土地买下，委托理查德 · 哈格（Richard Haag）设计事务所负责煤气厂的改造与建设。由于方案中保留了许多现存的工业设施，引起了广泛争议，公众认为这些工业设施毫无存在价值，同时也担心环境污染。经过 24 轮的讨论，方案在 1972 年被通过并予以实施，1976 年公园建成，1981 年获得 ASLA 最高主席设计奖，2013 年被列入美国国家史迹名录。

西雅图煤气厂公园开创性地采用保留与改造、利用相结合的方式处理工业历史建筑，通过生态修复技术最大程度地保存了场地的历史特征，使原本属于工业废弃地和城市污染源的工厂最终成为工业时代的纪念物和环境保护的模范（图 6–1）。如今，公园已成为西雅图市民观看烟花、放风筝、举行音乐会、公众聚会或者儿童游乐等活动的场所之一，每年吸引 30 多万游人到此游玩。

图 6–1　西雅图煤气厂公园鸟瞰图

2. 现状分析

公园位于联合湖（Lake Union）的北岸，场地为半圆形，占地面积约 $8hm^2$，周边商业发达、人流密集。公园拥有广阔的视野，可以看到联合湖南岸的西雅图城市天际线。场地北面为居住建筑群，紧邻北湖路北段（N Northlake Way），其余三面被湖水包围。场地使用者主要来自周边的市民，以及外地访客。

煤气厂弃用后，场地变成了一个巨大的垃圾场和污染地，生态系统严重退化，场地约 70% 的表面覆盖着混凝土、沥青、碎石、不可渗透的胶结物质。垃圾堆放和废料排放遗留了大量二甲苯、环芳香烃等有毒物质，不仅导致场地土壤和地下水被严重污染，还污染了联合湖。工厂停产 14 年后，场地大部分土壤仍然寸草不生，生锈的钢铁与混凝土构件等工业设备与西雅图的城市景观格格不入。

3. 设计目标

煤气厂公园建设需要权衡各方利益，保留遗存的工业历史建筑，改善现有生态环境，并提供多种可能适宜的空间，从而吸引更多的市民前来开展集会聚会、健身运动、嬉戏赏景等各种活动。

4. 设计策略

1）科学恢复生态系统

20 世纪 70 年代，生态主义设计思潮开始被引入到景观领域，以再生理念为主导的废弃场地资源再利用在工业遗迹改造中处于起步阶段。理查德·哈格认为，应采用科学实验方法，使环境重归自然，这是比简单摒弃更为有效的做法。团队通过分析确认污染物—清除污染—土壤修复—重塑土壤生态系统等科学手段，让土壤重新获得活力，使生物在环境中重新“安家落户”，从而让新的生态系统正常运转。

2）活化保存工业遗址

工业时代遗存的生产性建筑具有独特的美学和实用价值，以及厚重的城市记忆。设计师对煤气厂采用部分保留的策略，将工业特征与公园景观融合，给废弃工业设施赋予艺术的符号，营造出人与历史互动的氛围，表达着对时间、生命自然和文化的怀旧。在天空、湖面、倒影、游人自然形成的空间中，工业设施以雕塑的形式融入自然景观（图 6–2）。

图 6–2　煤气厂“雕塑”

3）废弃物再生利用

理查德·哈格利用废弃物在场地中部堆积了一个高 14m 的锥形大土丘，形成了丘陵、盆地、山谷、缓坡、平地等地貌。场地地形的重塑，阻隔了污染物与城市中心、联合湖的空间接触，也减缓了雨水流动速度。人工抬高的联合湖驳岸种植了新的草本植物，为防止污染物的进一步扩散树立了“绿色的挡墙”。土丘顶部的日晷、公园的道路等都利用场地原有的石头、混凝土、贝壳、青铜等材料，有效处理了场地中的废弃物，并完美诠释了设计中的可持续生态理念。

4）场地空间策略

设计结合场地现状以及游人需求，将公园划分为7个功能不同的区域：停车场、北部盆地大草坪、儿童游乐场、南部阳光大草坪、煤气厂工业雕塑、风筝山（土丘）、西部斜坡区（图6–3），为访客提供了适合的活动空间。

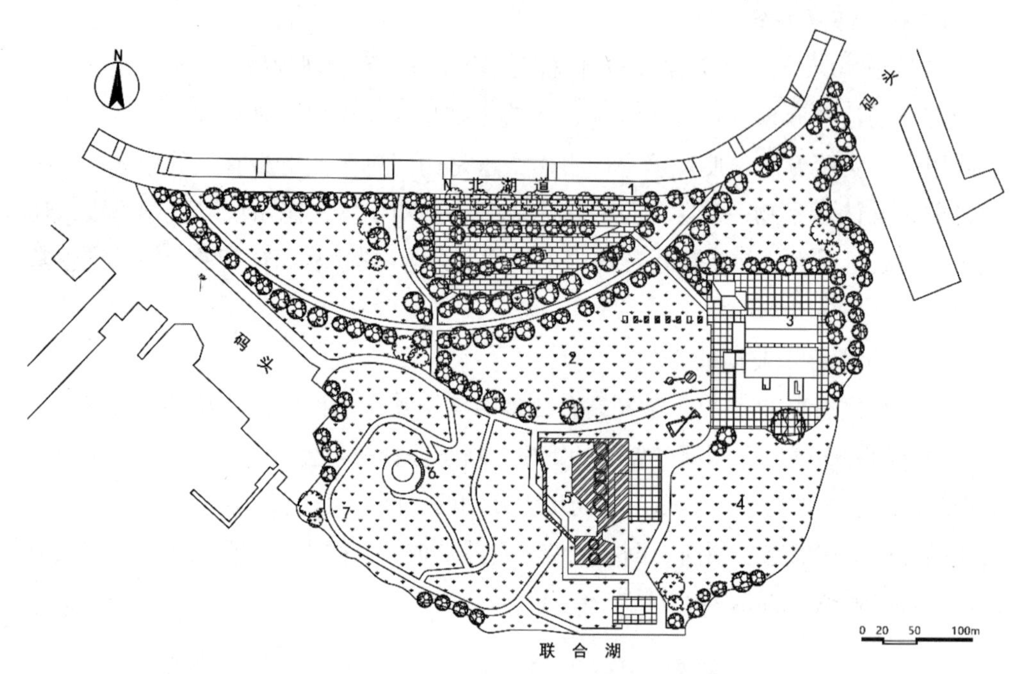

1—停车场；2—北部盆地大草坪；3—儿童游乐场；4—南部阳光大草坪；5—煤气厂工业雕塑；6—风筝山（土丘）；7—西部斜坡区。

图6–3　西雅图煤气厂公园总平面图

5. 细部景观设计

1）风筝山与日晷

风筝山是一个高达14m的大土丘，在公园内占地面积最大。立足在其顶点，整个公园空间和工业遗迹尽收眼底，还可以欣赏到完整的西雅图城市天际线。风筝山顶部是巨大的金属材质日晷，人们可以站在上面观察影子位置判断时间。

2）工业雕塑

煤气裂化塔被保留下来，成为公园的主要形象特征。锈迹斑斑的灰黑色外表、附在钢铁上的藤蔓植物，都无声地诉说着时间的流逝（图6–4）。汽锅房被改造成了野餐棚，里面布置着餐桌、烧烤架和跳舞、做游戏的场地、表演舞台，依然尽职地为人类提供服务。东北角的儿童游乐场，原有的压缩排气设施被涂成亮丽的红、黄、蓝色，是儿童探索工业文明的理想场所。

图 6-4　工业雕塑细部

6. 经验启示

设计团队采取了“保留、再生、利用”的手法，将生态学与景观设计相结合，使景观成为整体生态环境的组成部分。设计保留了场地的基本特征，通过活化延续了场地历史，重塑了后工业时代工业废墟美学，鼓舞了之后的工业遗址修复，唤醒了民众对环境保护的关注。公园建成后，土壤和湖泊的污染治理仍在继续。1980 年，美国颁布了《综合环境响应、赔偿与责任法》。在环境调查中发现公园存留有污染物，在接下来的 30 年，环境清理、增加地表覆土、更换有污染表土、修缮灌溉系统、治理山体水土流失等修复措施持续推进。工业遗址的生态修复是一个漫长的过程，需要多学科知识技术的协作才能实现。

6.3.2　广东中山岐江公园

1. 项目背景与概况

岐江公园的前身是粤中造船厂，建于 1953 年，在国企改革的大潮下于 1999 年停产，留下了大量的工业遗产。船厂见证了中山市近半个世纪的工业发展和城市变迁，对城市文明的延续和历史的凝固有不可估量的作用。2000 年，俞孔坚教授领衔的北京土人景观规划设计团队承担了岐江公园的设计任务。2002 年，岐江公园正式对外开放。岐江公园是我国首个传承工业历史保护、再利用工业设施的项目。

在城市更新、生态修复等设计理论的指导下，设计团队将“追求野草之美、珍惜足下的文化”作为设计理念，从工业文化延续、工业设施再利用、再创造、生态保护与重建等多维视角组织构建公园景观体系，使其最终成为兼具人文内涵和美学特征的城市公共空间（图 6-5）。

公园作为国内第一个强调和尊重工业地段历史和循环利用工业设施的项目，受到了媒体的广泛关注和报道，2002 年获得 ASLA 颁发的荣誉设计奖，2003 年获得中国建筑艺术奖—城市环境艺术优秀奖，2004 年获得“第十届全国美术作品展览”金奖，2009 年获得城市土地学会（Urban Land Institute，ULI）全球杰出奖。

图 6–5　岐江公园鸟瞰图

2. 场地现状

场地位于中山市区中心地带，东临石岐河，西与中山路毗邻，南依中山一桥，北邻西堤路，周边商业发达、人流密集。场地呈现楔形状，面积 11hm^2，其中水面 3.6hm^2。设计的挑战主要有以下几点：一是湖水水位随岐江水位日变化可达 1.1m，水位下降时，湖边淤泥裸露；二是场地内残存的码头和设备；三是公园景观再生的途径面临不确定性。

3. 设计目标与策略

政府希望建成后的公园具备休闲娱乐、提升周边商业价值、记载城市历史文化、丰富城市景观资源等功能。基于场地现状及业主诉求，团队对公园建设进行了目标定位：“为市民提供一个具有时代特色，反映场地历史，生态环境优美，可达性良好，且能满足休闲、旅游、娱乐和教育需求的城市综合性亲水开放空间。”

4. 设计策略

公园尊重场地历史，保留部分设施以彰显工业文明；追求自然之美，保留原有湖岸生态环境；改造与再利用工业材料，体现人文与自然的结合。公园运用了景观展示和文学叙事的手法，将人性、文化、自然三者有机融合，开创了中国后工业景观设计先河。

1）空间营造策略

设计将整个场地分为三个区域：工业遗产区、休闲娱乐区和自然生态区。工业遗产区保留并提升了原厂设备，如铁轨、门式起重机等，通过景观设计手法赋予新的功能和形式，增加了草坪、万杆柱阵等作为公共活动区域。休闲娱乐区包括中山美术馆、游泳池等，满足游客的学习、游憩等活动和园区的日常管理。自然生态区将原有自然驳岸改造为古榕树岛，体现乡土景观，展示自然生态美，见图 6–6。

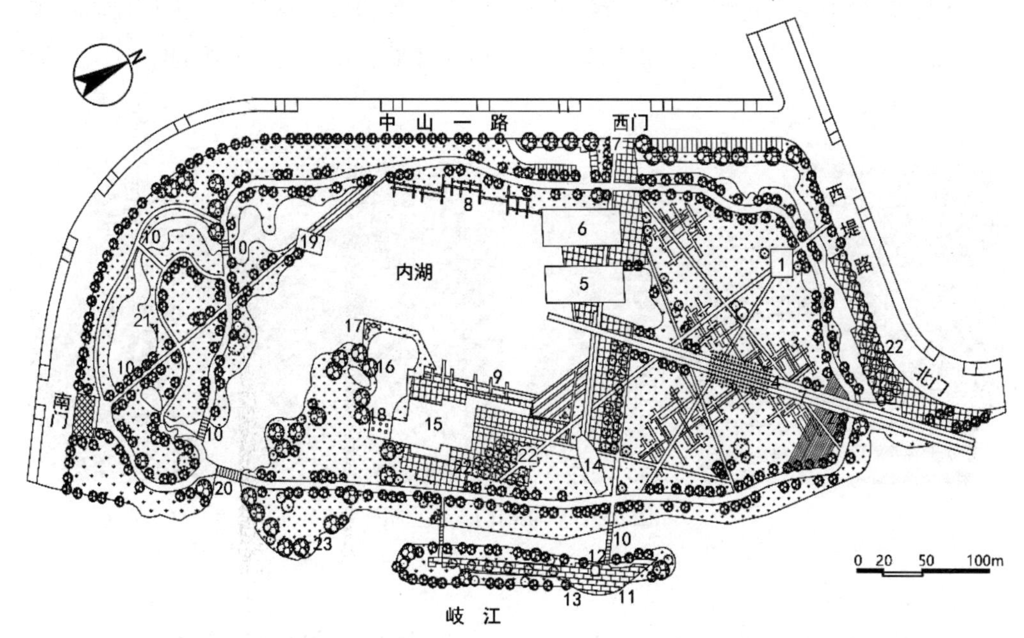

1—红盒子；2—雾喷泉广场；3—绿房子（绿篱）；4—万杆柱阵；5—龙门吊；6—游艇俱乐部；
7—铁轨；8—划船设施；9—梯田桥；10—桥；11—码头；12—灯塔；13—古榕树岛；
14—古船；15—中山美术馆；16—游泳池；17—帐篷；18—喷泉；19—岛；20—水闸；
21—生态银行；22—树阵；23—硬水边缘。

图 6–6　岐江公园总平面图

2）追求“野草之美”

岐江沿岸有大量的古榕树和乡土植物群落，设计师以追求野草之美、生态之美为目标，保留了场地的自然系统要素，为满足水利防洪的要求开设支渠，营建了榕树岛。在梯田式种植台、临水栈桥、水际植物群落等亲水生态湖岸散布乡土植物白茅、芦苇等，恢复沿岸湿地系统、解决变动的水位问题，使场地原有生态系统得以保存和延续，唤起人们对自然的尊重。

3）延续历史文脉

设计采用保留、再利用与再生的手法，在保留原有场地特征的基础上，赋予场地中原有的厂房、机器等新的功能形式，使之成为公园的工业符号和景观要素，延续了工业化时代的文脉（图 6–7）。

4）探索人性关怀

设计摒弃了以往纯粹以观赏游览为目的的公园景观营造模式，重点探索人性关怀景观的营造。铁轨是工厂特有的元素，行人通过跨越、蹦跳等方式体验童趣。亲水栈桥、树篱方格等为人们的亲水活动和体验冒险精神提供实现途径。红色钢板围合的静思空间则用一种现代、夸张的方式将人框进铁皮盒，让人们回忆往昔。在铁轨两侧，设置了象征着当年船厂青年冲天信念与干劲的白色钢柱，让人们体验英雄主义激情。通过互动、参与、静思等不同的景观体验，使访客获得乐趣，让人的天性得以展现。

图 6–7 铁轨与门式起重机

5）借鉴古代经验

按照防洪规范，岐江应保持 60～80m 的宽度以满足行洪要求，这意味着江边的古榕树要被移除。为了将古老的榕树保留下来，设计师借鉴了世界文化遗产都江堰水利工程中的“离堆”模式，构建了古榕树绿岛，以满足行洪要求。

5. 细部设计

1）红盒子

红盒子营造了不同的层次和视角，是船厂曾经的工人宿舍的再现，以钢板作为材料，将场地曾经发生的故事封存在内（图 6–8）。红盒子作为公园的一个入口，既醒目又张扬，内部却极为简单，进入其中犹如穿越时光隧道，使记忆重新被唤起。这样的设计也被称为静思空间。

2）绿房子

绿房子是由树篱组成的 5m×5m 模数化的方格网，也是对昔日船厂普通职工宿舍的模仿。树篱围合成各种形状的盒子，底面是绿色草坪，形成半开敞空间，它们或与直线的路网相穿插，或与铁轨交融（图 6–8）。

3）万杆柱阵

万杆柱阵由 8 排直冲云霄的白色钢柱排列在铁轨两侧形成，具有强烈象征意义，如冲天的信念、热血的枪杆，引人回到“自力更生，艰苦奋斗”的创业年代。

图 6-8　红盒子与绿房子

4）亲水湖岸

亲水湖岸完美解决了场地中水位的变化问题。在最高和最低水位之间的湖底修筑 3～4 道挡土墙，形成梯田式水生和湿生种植台，满足不同水位的需要；设计了空挑的方格网状临水栈桥，景观随水位的变化出现高低变化；高挺的水际植物遮去挡墙及栈桥的架空部分，行走其上犹如漂游于水面或植物丛中；根据水位变化形成水生、沼生、湿生、中生植物群落带。

6. 经验启示

岐江公园是中国工业旧址再利用的范例，设计师以一种宽泛的设计“笔法”来抒写“面”，使历史旧迹与当代特征、记忆与创新、机器与艺术、人工与生态、框架与细节形成落差与张力，使“工业旧址再利用”思想交融在美学、社会、人文、生态、技术、艺术诸多境界之中，使场地变为具有场所精神的公园。

第 7 章

城市湿地公园

7.1 城市湿地公园设计理论

7.1.1 城市湿地公园概念

1. 湿地的概念

城市湿地是城市之肾，它对于城市生态环境安全具有不可替代的作用。1971 年的《拉姆萨尔公约》给出了广义的湿地概念："湿地是天然或人工的、永久的或暂时的、静止的或流动的水域，淡的、稍咸的或咸的水域，泥沼地、泥炭地，包括退潮时水深不超过 6m 的水域。"

1979 年，美国鱼类和野生生物保护机构给出狭义的湿地概念："湿地是陆地和水域的交汇处，水位接近或处于地表面，或有浅层积水，水深一般不超过 2m，湿生或水生植被占优势，底层土壤为水成土，在每年的生长季节，底层有时被水淹没。"强调了水文、土壤和湿地植被三要素的同时存在。

我国吴季松先生认为："湿地是自然形成的、常年或季节性积水的地域，在海滩低潮时水深不超过 6m，在陆地是永久性或间歇性被浅水淹没的土地，地下水深小于 3m，底泥含水率超过 30%，年际水深变化较大，变化幅度超过 30% 的水域，如沼泽地、湿原、泥炭地、滩涂、稻田或其他积水地带。"因此，湿地必须符合两个要素：一是水不深，二是水位要变化。

2. 城市湿地公园的概念

依据行业标准《湿地公园设计标准》CJJ/T 308—2021，湿地公园（Wetland Park）是指天然或人工形成、具有湿地生态功能和典型特征，以生态保护、科普教育和休闲游憩为主要功能的公园绿地。

3. 国家城市湿地公园

依据《住房城乡建设部关于印发〈城市湿地公园管理办法〉的通知》(建城〔2017〕222 号)，住房城乡建设部负责国家城市湿地公园的设立和保护管理工作的指导监督，省级住房城乡建设（园林绿化）主管部门负责国家城市湿地公园规划与实施等相关信息管理体系。城市湿地实施全面保护、分级管理，具备下列条件的城市湿地公园，可以申请设立国家城市湿地公园：一是在城市规划区范围内，符合城市湿地资源保护发展规划，用地权属无争议，已按要求划定和公开绿线范围。二是湿地生态系统或主体生态功能具有典型性；或者湿地生物多样性丰富；或者湿地生物物种独特；或者湿地面临面积缩小、功能退化、生物多样性减少等威胁，具有保护紧迫性。三是湿地面积占公园总面积 50% 以上。

7.1.2　城市湿地公园分类

1. 按城市与湿地公园的空间关系划分

按城市与湿地公园的空间关系，城市湿地公园可以划分为城中型湿地公园、城郊型湿地公园和远郊型湿地公园三种类型。城中型湿地公园位于城市建成区内，公园的生态属性相对较弱，休闲娱乐等社会属性相对较强，如成都的白鹭湾国家湿地公园。城郊型湿地公园位于城市近郊，生态属性明显增强，社会属性有所减弱。远郊型湿地公园位于城市的远郊，生态属性强于社会属性，如上海青西郊野公园。

2. 按湿地资源状况划分

按湿地资源状况，城市湿地公园可以划分为海滨型、河滨型等。海滨型湿地公园是指在永久性浅海水域，多数情况下低潮时水位低于 6m，包括海湾和海峡所建设的城市湿地公园，如香港湿地公园。河滨型湿地公园是指利用大片湖沼湿地，如季节性、间歇性的淡水湖建设的城市湿地公园，如伦敦湿地中心。

3. 按湿地成因划分

按湿地成因，城市湿地公园可以划分为天然湿地公园和人工湿地公园。天然湿地公园是指利用天然湿地开辟的城市湿地公园，如武汉东湖国家湿地公园。人工湿地公园是指人工开挖兴建的城市湿地公园，如成都北湖公园。

7.1.3　城市湿地公园功能

由于城市湿地公园特殊的地理位置，根据其不同的自然基底、景观特征与功能需求，城市湿地公园具有独特的生态调节功能与社会服务功能。

1. 城市湿地公园的生态调节功能

1）保护生物多样性

城市湿地公园具有多样的生境，为各种涉禽、游禽、昆虫和小型哺乳动物提供了丰富的食物来源，形成了复杂的生态系统，成为常住或迁徙途中鸟类的栖息地，如成都三岔湖湿地公园每年有2000只红嘴鸥停留活动，其生物多样性和景观多样性明显高于其他公园。因此，城市湿地公园的建设，将大大提高城市绿地的生物多样性，丰富城市景观（刘晓宇，2022）。

2）改善城市生态环境

城市湿地公园充分利用城市湿地降解污染，疏导雨水排放，调节区域气候，降低城市热岛效应，提高城市环境质量。

3）调蓄城市水资源

城市湿地公园在蓄水、调节河川径流、补给地下水和维持区域水平衡中发挥着重要作用，是蓄水防洪的天然“海绵”。它能储存来自降雨、河流的过多的水量，从而避免发生洪水灾害，还能利用储存的水资源为城市提供必需的补充水源，是城市面对极端气候变化的调蓄池，对提高城市生态安全性具有重要作用。

2. 城市湿地公园的社会服务功能

1）休闲娱乐、欣赏美景

城市湿地公园具有丰富的自然资源、人工景观、游览设施，能够为居民提供高质量的生活环境和亲近自然的休憩空间，促进人与自然的和谐相处，也可以为居民提供骑行游览、休闲娱乐等活动的场所，还能为居民提供观赏美景、观察鸟类等活动的场所，从而缓解居民紧张压抑的生活。

2）科研场地、科普教育

城市湿地公园具有丰富的动物、植物和微生物资源，以及丰富多彩的景观类型，是科学研究的重要场所。湿地公园能够吸引大众休闲游览，促进公众了解湿地生态系统的重要性，也是中小学生开展环境和自然保护教育的理想场所。

7.1.4 城市湿地公园特点

1. 复杂的生态系统

城市湿地公园建设的核心是运用景观生态学、恢复生态学等科学原理，通过一系列手段，对其内部的景观进行调控，保障生态系统的物质和能量循环以及内部各种元素、物种、群落结构完整，使其能够自发地进行物质和能量的传递与转换，完成生物地理过程（赵地，2016）。

2. 独特的场地特征

受气候、地形地貌、水文等的影响，不同区域的湿地或湿地景观呈现出多种类型，能够建成具有不同特色的城市湿地公园，包括从水域到陆地过渡或演变的生态景观，具有沉水植物、浮水植物、挺水植物、湿生植物、陆生植物的生态演替系列景观，以及鸟类、底栖动物等构成的丰富生态景观，共同造就了城市湿地公园独特的场地特征。

3. 丰富的景观多样性

城市湿地公园具备丰富的景观，有密林、疏林、草坪组合成的植物群落，有水体、山体组成的自然景观。人们利用湿地复杂的生境，营建栈道、平台、廊架、道路等人工景观，形成了多样的景观。

4. 人与自然的互动性

城市湿地公园是人类和大自然间的一种交流媒介，将公众引入自然的生境。在公园中，人们既可以体验观鸟、划船、采摘、垂钓、潜水、喂养动物等湿地游憩活动，也可以组织科普、考察、参观等活动，使公众获得丰富的湿地体验，满足了人与自然互动的需求。

5. 自然的美学特征

城市湿地公园的景观表现出了自然美、艺术美和意境美三个方面的美学特征。自然的树林草地、起伏的缓坡、平静的水面以及丰富的野生动物活动，展现出一幅自然生态的画面，体现了大自然的勃勃生机，从而激起了人对大自然的眷恋，让人心旷神怡、流连忘返。

7.1.5　城市湿地公园起源与发展

伴随着城市化和工业化发展进程，城市湿地出现面积减少、水质污染、富营养化、生物入侵、生境破碎化等问题，引发湿地功能失调，威胁着城市生态环境安全。

1. 国外湿地公园起源与发展

国外的研究与实践主要聚焦于国家公园的自然和人工湿地，以及城市湿地、生态公园等。19 世纪 50 年代，欧美国家许多城市的环境开始恶化，人们开始意识到城市湿地对城市生态安全的重要作用。1850 年至 1896 年间，奥姆斯特德在主持波士顿“翡翠项链”公园系统规划时，针对查尔斯河水质恶化、洪水泛滥等问题，有意识地将河流等自然湿地要素纳入规划之中，将查尔斯河沿岸改造成了查尔斯河滨公园［Charlesbank Park，又称滨河绿带（Esplanade）］，同时以浑河（Muddy River）为串联，结合浑河河道景观改造，将昔日肮脏泥泞的盐沼泽地改造为风景如画的后湾沼泽（Back-Bay-Fens）、河道公园（Riverway Park）等湿地公园（刘新宇，2022）。

1971年，18个国家的代表在伊朗拉姆萨尔共同签署了《国际重要湿地特别是水禽栖息地公约》（简称《湿地公约》，又称《拉姆萨尔公约》），公约的生效是国际湿地保护的里程碑事件。截至2023年，全球共有172个缔约国。20世纪70年代，随着美国城市湿地面积锐减，美国政府开始重视城市湿地的保护，改变了此前鼓励开发利用湿地的政策，并通过立法加大对湿地的有效保护。1972年，美国环境保护署在《联邦水污染控制法》的基础上通过了《清洁水法》，第404条规定在湿地中的所有开发活动均需要授予许可。此后，美国又制定了《湿地转农用法》《沿岸湿地保护法》《洪积平原与湿地保护法》等大量有关湿地保护的法律。1988年，美国政府提出的湿地"净减少为零"政策，有效遏制了湿地的衰退。日本在1984年颁布了《湖泊水质保护特别措施法》，对排放到公共水域的水污染量进行了规定。加拿大是世界湿地面积最大国家，1992年，加拿大中央政府制定出台《湿地保护政策》，提出联邦拥有的湿地及其功能不能再减少或受损的目标，该政策所确定的湿地保护框架制度对保护加拿大湿地具有很强的规制力。

随着相关法律法规和政策逐步完善，发达国家加快了城市河流湖泊退化湿地的保护、修复和可持续利用研究。1975—1985年，美国联邦政府环境保护局（EPA）实施了清洁湖泊项目（Clean Lakes Program，CLP），从控制污水的排放、恢复项目实施、恢复项目实施评价、湖泊分类和湖泊营养状况分类等推动了湿地恢复研究（李春晖，2009）。2002年，Robert L France在其著作《景观设计师和土地利用规划师的湿地设计原则与实践》（Wetland Design: Principles and Practices for Landscape Architects and Land Use Planners）中，较为系统地阐述了湿地设计的原则方法和流程。2003年，Jackson等提出应重视湿地在城市景观规划中的地位和作用，建议从生态角度出发，将水体、堤岸、滩地、湿地、植被、生物等作为一个完整的生态系统，统一规划设计，恢复自然因素的内在联系，最终实现水域生态恢复、洪泛控制、水质自净的综合目标，为生物繁衍和人类休闲娱乐提供理想的场所。总体而言，城市湿地公园的研究对象包括了湿地生态系统、生态游憩系统以及园外影响系统三个方面。湿地生态系统研究侧重于整体生境以及各个生态要素的保护与修复，生态游憩系统研究侧重于湿地游憩心理偏好的预测以及游憩空间结构的构建，园外影响系统研究关注对自然以及社会影响的预测和评价（王立龙，2011）。

随着对城市湿地科学认识的深入，发达国家率先进行了大量实践，推动城市湿地公园的建设。如德国的城市河流湿地"重新自然化"、英国城市湿地建设与人类社会属性的有机结合、日本城市湿地的自然型建设与人工湿地修复、美国国家河口项目（National Estuary Program）等，取得了良好的环境效益与社会效益。当前，城市湿地的重要性在社会各界取得广泛共识，建设了大量城市湿地公园，如伦敦湿地中心、美国兰顿湿地公园，美国华盛顿雷通湿地公园、日本钏路湿原国立公园、吉隆坡布城（Putrajaya）湿地公园等（Kent，2001；陈江妹，2011）。

城市湿地公园建设以水生态环境问题为导向，通过水务部门、土地部门、规划部门、社区等相互协调，生态学、景观学、水文学等领域专家通力协作，各个利益相关方的大力配合，经过长期持续努力才能够获得成功。

2. 国内城市湿地公园起源与发展

1992 年，我国成为《湿地公约》缔约国，政府和学界开始关注湿地的保护。20 世纪 90 年代，随着我国城市扩张和人口剧增，大量湿地被侵占，湿地污染和退化问题非常严重。《2000 年中国环境状况公报》显示，中国七大重点流域地表水有机污染普遍，各流域干流有 57.7% 的断面满足Ⅲ类水质要求，21.6% 的断面为Ⅳ类水质，6.9% 的断面属Ⅴ类水质，13.8% 的断面属劣Ⅴ类水质，主要湖泊富营养化问题突出。

为了推动城市湿地公园建设，2004 年，国务院办公厅发布了《国务院办公厅关于加强湿地保护管理的通知》（国办发〔2004〕50 号），原则同意了《全国湿地保护工程规划（2002—2030 年）》。2005 年，住房和城乡建设部颁布了《国家城市湿地公园管理办法（试行）》（建城〔2005〕16 号）和《城市湿地公园规划设计导则（试行）》（建城〔2005〕97 号），同年批准山东省荣成市桑沟湾城市湿地公园为首批国家城市湿地公园，这些政策有力地推动了城市湿地公园建设实践。

2005 年，章俊华等人通过对采煤沉陷区的生态景观恢复设计策略，将工业废地变成了城市"绿肺"，推动了唐山市南湖国家城市湿地公园建设。2007 年，吕振锋等人采取"生态优先、最小干预、修旧如旧"的设计策略，保护原始生态，改善湿地的水质状况，使浙江省临海市三江国家城市湿地公园获批国家城市湿地公园。2009 年，俞孔坚教授在哈尔滨群力城市湿地公园设计时，采取"缓冲区（人工湿地）和核心区（天然湿地）"的设计策略，保护天然湿地资源，利用湿地滞留和净化雨水，使其获批了国家城市湿地公园。截至 2023 年，全国共批准了 12 批次、57 个国家城市湿地公园。

我国在湿地保护方面的法规、政策等规范性文件的实施，促进了城市湿地公园的实践，同时也推动了湿地科学研究的发展。目前，国内对城市湿地公园的研究主要集中在湿地公园保护立法、湿地公园资源环境调查与评价、湿地公园水土的污染治理、湿地公园规划设计方法、湿地公园使用后评价等方面。在城市湿地公园著作方面，主要有王浩等著的《城市湿地公园规划》、成玉宁等编著的《湿地公园设计》、但新球等著的《湿地公园规划设计》、汪辉等著的《湿地公园生态适宜性分析与景观规划设计》等，著作从景观生态格局、空间规划、休憩活动组织、细部设计等方面进行了较为系统的论述，有力推动了我国城市湿地公园的研究与实践。

2017年，住房和城乡建设部颁布的《城市湿地公园管理办法》（建城〔2017〕222号）、《城市湿地公园设计导则》（建办城〔2017〕63号）开始实施；2021年，行业标准《湿地公园设计标准》CJJ/T 308—2021发布；2021年12月，《中华人民共和国湿地保护法》通过，2022年6月1日起开始施行；2022年10月，国家林业和草原局、自然资源部出台了《全国湿地保护规划（2022—2030年）》（林规发〔2022〕99号），明确了我国未来湿地保护的具体目标。国家关于湿地相关的法律法规、政策、标准、办法、导则、规划的颁布实施，有力推动了我国城市湿地公园的建设，保障了我国城市湿地的保护修复和可持续发展。

2020年3月，习近平总书记在杭州西溪国家湿地公园考察时指出，城市发展要与湿地保护保持平衡，要将保护放在优先位置，尽最大努力保护好湿地的生态及水环境，为城市发展提供足够的生态空间。因此，只有不断优化城市湿地保护模式，才能有效解决城市发展与湿地保护之间的矛盾。

7.2 城市湿地公园设计方法

城市湿地公园在衔接国土空间规划、城市绿地系统规划、环境保护规划、水利规划、生态修复规划等基础上，除了满足一般公园设计规范，还应满足《湿地公园设计标准》CJJ/T 308—2021，并依据《城市湿地公园设计导则》（建办城〔2017〕63号）的要求，因地制宜地进行规划设计。

7.2.1 设计原则

1. 保护性原则

只有充分保护湿地的自然资源，才能保持湿地生态系统的稳定性，确保湿地公园的可持续发展。规划设计首先应尊重场地，保护原始的地形地貌，保护湿地环境的完整性，降低对生物的影响；其次是保护场地的植物、动物、昆虫、微生物等“原住民”，保障其生存权利；最后是优化场地生态格局，提高生态系统连贯性，为不同生物营造多样的生态环境。

2. 适应性原则

设计的主题应与发展目标相适应，如雨洪管理、污水净化、科学研究、科普教育、游览观赏等目标。如伦敦湿地中心的主要目标是野生动物多样性保护和湿地游憩，设计的主题应适应保护与游憩的双重目标。

3. 协调性原则

城市湿地公园协调性原则是指人与环境、生物与环境、生物与生物、社会经济发展与环境资源，以及生态系统与生态系统之间的协调，应将人与自然作为一个完整生态系统，保持人与自然关系的协调性与自然性。

7.2.2 功能分区

功能分区以建设目标为指引，依据场地特征，综合协调生物保护、生境营造、游览景点、湿地管理之间关系。一般可以划分为湿地重点保护区、湿地展示区（缓冲过渡区）、游览活动区、管理服务区，并通过道路系统有效联系。重点保护区只允许开展各项湿地科学研究、保护与观察工作；展示区重点展示湿地生态系统、生物多样性和湿地自然景观，开展湿地科普宣传和教育活动；游览活动区利用湿地敏感度相对较低的区域，开展休闲、游览活动，适度安排游憩设施；管理服务区设置在生态敏感度最低的区域，减少对湿地环境的干扰。

7.2.3 地形设计

地形设计应与城市雨洪综合管理相协调，遵循最低影响度开发原则，最大限度保留原有地形地貌。对有城市防洪需求的场地，应参照现行国家标准《防洪标准》GB 50201 的相关规定进行高程控制和防洪堤的规划，其他建筑物和构筑物的布置也应满足《防洪标准》及相关技术要求。湿地水体岸坡应优先选择生态型护岸；有防洪、调蓄功能的水体，宜结合防冲刷、固土等安全需要选择护岸形式。通过高程控制，避免城市地表径流污染物大量流入公园，最大限度恢复区域水系统自然循环。

7.2.4 道路设计

湿地公园的道路有其特殊性，道路应成环或平行设置，减少网状交织，避免穿越栖息地等生态敏感区，如通往生态保育区、滩涂、孤岛等的道路可设置复线。铺装材料应符合海绵城市设计标准，并尽量利用生态材料、废弃材料和可再生材料；面层及基层宜采用透水工艺和材料，确保与周围环境相协调；应采用糙面材料，减少反射玻璃的使用，并应降低反射光对动物的影响。

7.2.5 建（构）筑物

建（构）筑物按用途分为游憩类、服务类、管理类、科研与监测类。建（构）筑物及设施设计应与周围环境相协调，并应遵循系统性、安全性、舒适性、环保性、实用性、美观性等原则，且应降低对湿地生态系统的影响，同时保障使用者安全。

7.2.6 植物设计

城市湿地公园的绿地率一般不得低于80%。植物种类尽可能选择乡土植物，避免外来物种对本地生态系统的威胁和破坏，乡土植物一般不少于70%。优先考虑栖息地生态环境需要，结合现状资源特点和各区功能需要，对植物空间布局、尺度、形态及主要种类进行合理设计，按照水生、湿生、陆生生态系统的多样化景观，形成浮叶植物、挺水植物、湿生（沼生）植物、陆生植物群落，维护地带性的湿地生物群落健康稳定。

7.3 城市湿地公园设计案例

7.3.1 伦敦湿地中心

1. 项目背景与概况

伦敦湿地中心（London Wetland Centre），也称伦敦湿地公园，位于伦敦市西南部，是世界上第一个建在大都市中心的湿地公园。英国于1976年成为《湿地公约》缔约国，湿地保护立法比较完善，如《自然保育法》《水资源法》等。湿地保护在民间有广泛的基础，1947年由彼得·斯科特（Peter Scott）爵士创立的野禽与湿地基金会（Wildfowl & Wetlands Trust，WWT），已经成为世界领先的湿地科学和保护民间机构之一。

20世纪80年代之前，该场地是泰晤士供水公司的维多利亚水库，为伦敦西南地区市民提供饮用水源。1980年由于泰晤士环城水道建成，水库逐步废弃。20世纪90年代，WWT计划将场地改建成湿地自然保护中心和环境教育中心。1995年项目开始启动，2000年建成开放。

伦敦湿地中心已经成为全世界城市湿地保护和恢复的一个成功范例，诠释了城市中人与自然和谐共生的模式，被誉为“一个让人惊异的、奇迹般的地方，使得人类和野生生物在我们美好的城市中相聚”（卫平，2009）。公园有2万多株树木，30多万株水生植物，是欧洲最大的城市人工湿地系统，公园植被茂密，昆虫、鱼类等生物资源丰富，成为当地鸟类理想的栖息地，也吸引了大量候鸟在此越冬，观察记录到200余种鸟类、300多种蝴蝶和飞蛾等昆虫。如今，公园成为当地市民日常休闲、度假的重要场所，每年接待数以百万计的外地游客，成为鸟类爱好者和摄影爱好者的天堂（图 7–1）。2001 年，伦敦湿地公园赢得了英国航空旅游协会评选的明日之星金奖。

图 7–1　伦敦湿地中心鸟瞰图

2. 现状分析

公园位于伦敦巴・艾尔姆区（Barn Elms），距离伦敦市中心 5km，在泰晤士河畔的一个半岛上，A306 干道将半岛分为东西两个部分，公园在半岛东部。公园东临泰晤士河，南侧紧邻伊丽莎白女王道（The Queen Elizabeth Walk），西侧、北侧与居住区相邻。场地面积 42.5hm^2，由 4 个废弃的混凝土蓄水池构成。设计的挑战在于：如何将混凝土水池变为湿地生态系统，达到人与自然和谐共生的目的。

3. 设计目标

设计目标是营建一个人与自然和谐相处的可持续生态湿地。一是构建一个满足不同生物生长、栖息和繁殖的生态环境，减少生物之间的干扰；二是在最小干扰下，满足游客近距离观察野生生物、休闲游憩，并获得湿地知识的需求。

4. 设计策略

“水”是项目的灵魂，贯穿于整个公园，区域中水位高低和涨落频率各不相同，使得每个水域都具有相对的独立性，设计采取了以下三种策略。

1）模拟湿地自然生态系统

设计模拟湿地自然生态系统，满足不同生物生长、栖息和繁殖的需求，形成相对独立的生态空间。根据湿地原有栖息地特点及湿地水文情况，将公园划分为四个开敞水域空间及两个相对封闭水体空间。开敞水域空间由中央主湖、北部蓄水潟湖、南部保护性潟湖和东部泥地区组成，相对封闭水体空间由季节性浸水牧草区及芦苇沼泽区构成。6个水域既相互独立又彼此联系，水域和陆地相互环绕错落分布、构成了公园的多种湿地生态类型（图7-2）。

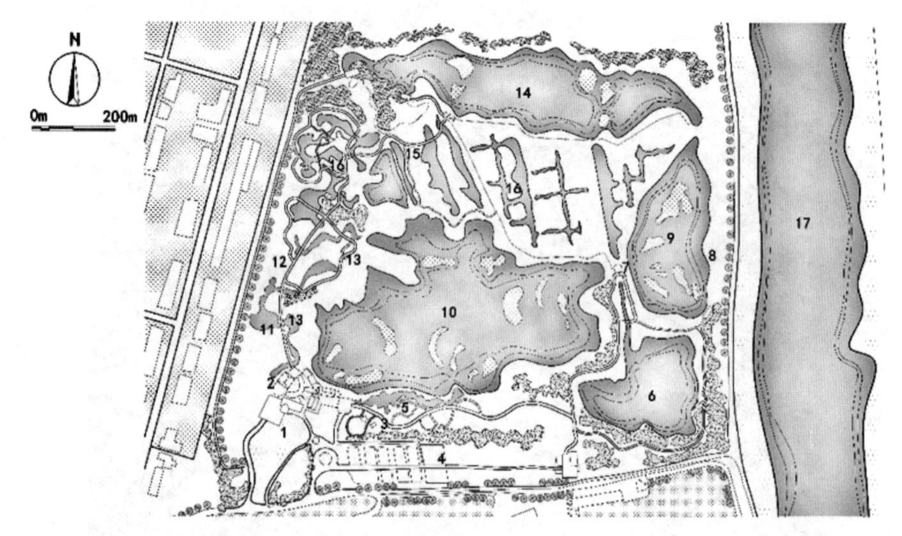

1—访客中心；2—天文台；3—培训中心；4—停车场；5—小径；6—保护性潟湖；7—孔雀塔观测点；8—赛艇比赛点；9—泥地区；10—中央主湖；11—水獭园；12—野餐区；13—西面观测点；14—蓄水潟湖；15—芦苇沼泽区；16—季节性浸水牧草区；17—泰晤士河。

图7-2 湿地生态系统空间策略

在技术层面，设计通过填埋土壤形成各种孤岛、半岛、沼泽等生境，将原有5m的蓄水池堤坝加筑泥土堤抬高水位，在适当位置填土形成湖堤，将水域隔离形成"孤立湿地"；各水域间设置简易水位控制操作杆，加强水位控制以满足各类湿地生物对生境的需求；在水陆交界处建立了一个复杂的网形沟渠，水位上涨时可以引水进入沟渠，顺其自然地形成一片浅滩湿地生态景观（图7-3）。

图7-3 中央主湖景观

2）游览路径和观测系统

通过构建游览路径和观测系统，满足游客近距离观察和游览的需求。利用植物将公园与城市隔离，使游客进入封闭性较强的访客中心建筑群。游客在访客中心聚集后，沿着观光小径进入公园。小径曲折回环，形成一个曲折蜿蜒的道路系统，达到分流人群的目的，降低了对生境的干扰（图 7–4）。公园的建筑少而精，将游人集中在建筑内部进行观测活动，如孔雀观测塔等，降低对湿地生物的干扰（图 7–5）。

图 7–4　游览小径

图 7–5　孔雀观测塔

3）动静分区策略

公园的道路为步行碎石小径系统，小径蜿蜒于湖泊，“淹没”在植被中，融入湿地安静环境。为了强调湿地和人类之间的紧密关系，鼓励游客的积极参与，公园在低敏感区设置了喂食飞鸟、花园展示等参与性活动，让游客在参与中理解湿地的价值（卜菁华，2005）。

5. 设计细节

1）访客中心

访客中心位于公园入口处，所有进入公园的人流在此汇集，这是一个封闭性较强的建筑群，通过升降梯、望远镜和玻璃墙来观测外界的生物，是访客和教育的活动焦点。为了纪念彼得・斯科特，访客中心一侧设置了彼得・斯科特正在观测记录野生动物的雕塑（图 7–6）。

2）蓄水潟湖

蓄水潟湖为静水水体，水域空间开阔，空间边界由挺水植物过渡。在木制桥观赏场地的视线范围内植物层次、色彩丰富，天际线起伏有致，并利用静水水体的镜面效应倒影成景，丰富了竖向空间的景观层次。

3）保护型潟湖

保护性潟湖为静水水体，中心地带有 3 个生境岛，湖岸采用自然驳岸的形式。湖的四周由自然式种植围合，游人通过植物间的空隙观赏景观。

4）芦苇沼泽区

芦苇沼泽区属于静水水体。芦苇沼泽结合湿地小乔木等围合成三条相对狭长的线形水体，形成开敞、半开敞等不同形式的水域空间，水域空间内未设置人工设施，以湿地植物要素为主。

5）季节性浸水牧草区

季节性浸水牧草区的长渠是一处相对狭窄的线形静水水体（图 7–7），湖岸采用自然驳岸的形式。静水景观利用水体的镜面效应倒映成景，水域空间内的人工设施以木制跨水栈桥为主。

图 7–6 访客中心

图 7–7 长渠水体景观

6. 经验启示

伦敦湿地中心是一个由城市废弃蓄水池改造为城市湿地公园的典型案例。案例具有前瞻性和科学性，项目深入分析了场地中人与生物、生物与生物之间的矛盾，通过相互独立又相互连通的空间营造，以及自然式驳岸的运用，营造多样的生境模式；水体与陆地区域交错布局，小径引导人群呈分散式分布；动态和静态的分区，构建了人与动植物和谐共存的湿地环境，有效缓解了人流对湿地环境的不利影响。

7.3.2 香港湿地公园

1. 项目背景与概况

香港湿地公园位于香港新界西北部。20 世纪 90 年代初，由于香港城市向外扩张，导致红树林湿地被占用。为了补偿城市开发造成的自然环境损失，政府决定在天水围北部规划生态缓解区。为了拓展生态缓冲区的功能，渔农自然护理署聘请了 Met Studio 设计公司和英国野禽与湿地基金会对该项目制定战略性管理规划，香港建筑署负责建筑与景观设计，2006 年 5 月正式建成开放。

公园生物资源丰富，记录的鸟类达到 273 种，占当地鸟类种数总数的约 50%。蜻蜓、两栖类和爬行类动物分别有 56 种、10 种和 32 种，蝴蝶 177 种。如今，公园成为游客重要的旅游目的地。公园的建筑和景观享誉国际，获得香港建筑师学会、香港园境师学会、英国风景园林学会、美国城市土地学会等团体颁发的多项大奖，2013 年入选为 21 世纪香港十大杰出工程项目，是城市区域中人工湿地恢复、保护和可持续发展的一个成功范例（图 7–8）。

图 7–8　香港湿地公园鸟瞰图

2. 现状分析

公园位于天水围新市镇以北，后海湾南岸，尖鼻咀半岛东南方，毗邻米埔内后海湾拉姆萨尔湿地，总规划面积约 61hm^2。公园除了原有的湖泊水体和沼泽外地形平坦，场地的西北部为河道，东部与鱼塘相邻，东南为鱼塘和山地，西南紧邻市镇居住区，大量人类活动对湿地生物形成一定的干扰。湿地的咸淡水源依赖于海水自然的潮汐运动，淡水湖和淡水沼泽的水源来自天水围城区排放的雨水，经过沉淀过滤消化后，通过水泵提升到天然芦苇过滤床中净化，再流入淡水湖和沼泽。香港湿地公园的潜在服务对象为以家庭旅游为主的香港市民、外地游客、鸟类和摄影爱好者，以及对湿地生态有兴趣的人士。

3. 设计目标

香港湿地公园的设计定位是一个世界级的自然保育、教育及生态旅游地，展示并保护香港湿地生态系统的多样性，丰富香港的旅游资源和游客的旅游体验，成为独具特色的教育、研究和资源中心。为了实现上述多重目标，设计提出了人与自然和谐共生、环保优先和可持续的理念。

4. 设计策略

1）人与自然的空间策略

公园划分为游客休闲区和湿地保护区。游客休闲区为游客提供欣赏、研究、观察自然的场所，包括入口广场、访客中心和溪畔漫游径。为了避免人类对生物的干扰，游客休闲区安排在接近入口和城市的位置，访客中心建筑斜坡式抬高，有效地将城市与场地分开。湿地保护区占地约 60hm^2，包括淡水沼泽、蓄水池、芦苇过滤床、泥塘、红树林、草地及林地等丰富多样的生境，利用土丘、树林及建筑物分隔访客及生物栖息地，减少人类对野生动物的影响（图 7–9）。

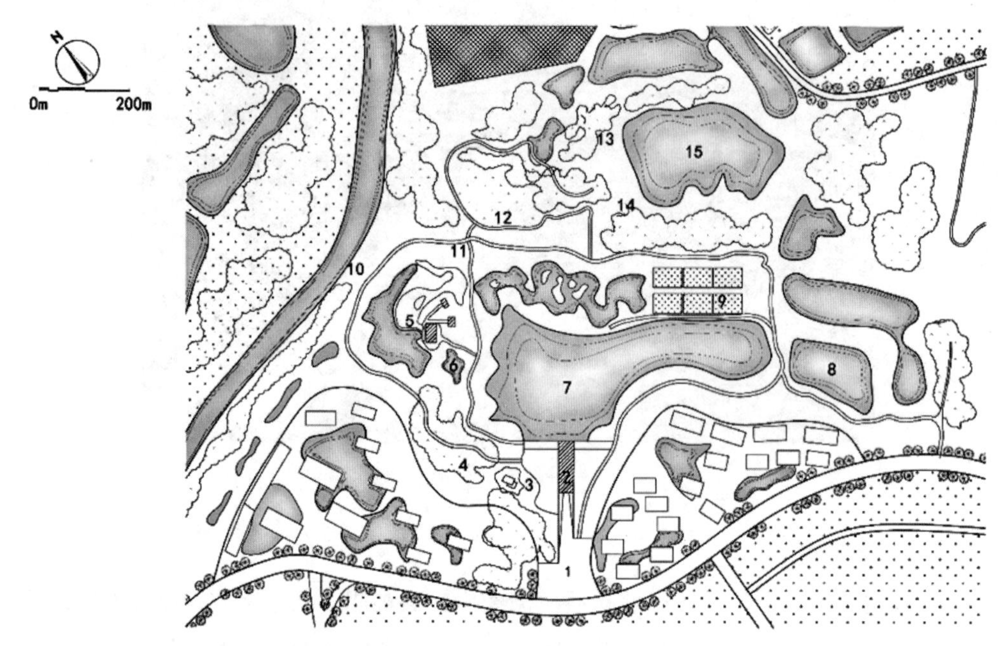

1—入口广场；2—访客中心；3—贝贝之家；4—溪畔漫游径；5—湿地探索中心；6—生态探索区；7—淡水沼泽；8—蓄水池；9—芦苇过滤床；10—河畔观鸟屋；11—红树林栈道；12—蝴蝶园；13—鱼塘观鸟屋；14—泥塘观鸟屋；15—泥塘。

图 7–9 香港湿地公园总平面图

2）环保优先策略

访客中心是覆土建筑，屋顶种植草坪，使建筑与环境完美融合，游客可以毫无障碍地在屋顶草坪上漫步，欣赏湿地风光；屋顶角度进行了轻微旋转，减少太阳辐射。建筑采用了木制百叶装置，起到遮阴、隔绝噪声等作用，降低对湿地生物的影响，观鸟屋建筑采用双层天窗自然通风和自然采光，入口的廊道两侧采用天然芦苇编制的围墙。湿地探索中心是一座户外教育中心，通过收集雨水冲洗厕所，依靠天窗的巧妙设计使太阳辐射降至最低，休息亭设计采用双层隔板以减少太阳辐射，观察平台等景观建筑大量采用木材，处处体现了环保的理念。

3）可持续策略

建筑物大量使用回收材料和再生材料。访客中心和湿地探索中心采用清水混凝土建成，75% 的混凝土材料来源于其他建筑物拆卸回收的骨料（图 7–10）。废弃的花岗石、蚝壳等也被用于公园建设（图 7–11）。公园的水系统使用天然水资源，咸水源是海水自然的潮汐，淡水来自城区排放的雨水经过沉淀过滤、植物净化后使用。种植设计采取了陆生 – 湿生 – 水生连续的生态系统，植物生态型有陆生的乔灌草 – 湿地植物、挺水植物 – 浮叶沉水植物等。

图 7–10　清水混凝土墙

图 7–11　蚝壳景墙

5. 设计细节

1）入口广场

入口广场面积不大，有水池、涌泉、树阵，设计通过设置小品，对空间进行巧妙划分，形成数个特色景观空间。

2）水体与道路系统

水体护岸以自然生态驳岸为主，充分考虑因水位变化带来的景观效果变化，栈道采用全木制，采用浮桥的形式减少下方空间支承结构物，保障栈道下方原有生物环境。公园为全步行系统，桥梁采用裂纹式铺装，中间留有通道，避免隔断生物物种的迁移。

3）观鸟区

公园内有丰富的鸟类资源，在保护鸟类栖息地的基础上，公园设置了观鸟区，供游客观赏各种鸟类的生活状态（图 7–12）。观鸟屋在不打扰鸟类正常生存活动的同时，使人们能够“近距离”地观察鸟类活动。

图 7–12　观鸟建筑

4）红树林

红树林位于潮间带河道的两侧，为了有效地保护红树林，在湿地上方设置了一条约 1.5km 长的浮桥，避免对红树林的砍伐和破坏，让人们可以近距离观察红树的不同部位。

6. 经验启示

香港湿地公园的设计突出了环保优先、可持续发展、和谐共生设计的概念，成功地化解了各项目标之间的潜在冲突。设计没有将湿地与旅游区域分开，而是在中间地带建立缓冲区，在保证湿地景区完整性的同时，保护了湿地原生物种的生境，对于城市湿地的保护、修复、开发、利用等具有重要启示。

第 8 章

体育公园

8.1 体育公园设计理论

8.1.1 体育公园概念

体育公园是指具有比较完善的体育设施、拥有良好的自然环境、能够为市民提供各类体育竞技运动和休闲健身场地的专类公园。它以体育健身为核心，与自然生态融为一体，具备改善生态、美化环境、体育健身、运动休闲、体育表演、竞技比赛、保健活动、娱乐休憩、防灾避险等多种功能，是绿地系统的重要组成部分，对改善人民生活品质、提升城市品位具有重要作用。

8.1.2 体育公园分类

体育公园一般按照主题内容、行政区级别和投资方式进行分类。

1. 按主题内容进行分类

以滑雪为主题的体育公园，如北京首钢滑雪大跳台，提供了专业体育比赛和训练的场地，并向公众开放，用于大众休闲健身活动。以足球为主题的体育公园，如深圳福田海滨生态体育公园，拥有 6 个标准足球场以及若干个休闲广场，可满足辖区居民体育运动健身的需求。以篮球为主题的体育公园，如合肥罍街篮球主题公园，是篮球爱好者们的打卡胜地。以森林项目为主题的体育公园，如重庆歌乐山国家森林公园，有户外攀岩、越野山地自行车等众多体育休闲项目（李香君，2008）。以海滩为主题的体育公园，如珠海市滨海体育公园，为公众提供了沙滩排球、沙滩足球等运动的场地。

2. 按行政区级别进行分类

按照行政区级别，体育公园可分为市级体育公园、区县级体育公园和社区级体育公园。市级体育公园主要为全市民众服务，占地面积较大，服务半径较大，公园内体育设施及户外活动设施较为完善，可承接大型的体育赛事和表演，如西安城市运动公园。区县级体育公园主要为区县区域的居民服务，占地面积适中，服务面积适中，体育设施及全民健身活动设施较为完善，可承办中型的体育赛事。社区级体育公园的服务对象是周边数个社区及相关区域的居民，用地面积根据区域的居民人数确定，具有一定数量的体育活动设施，如北京市方庄体育公园。

3. 按投资方式进行分类

公私联合投资的体育公园是指政府和私人联合投资建造的公园，政府在建造初期提供部分资金和审批土地使用权，后期维护和运转费用由公园经营者承担，政府收取税收，如美国“大型梦之联盟体育主题公园”。私有投资的体育公园，即由个人投资所建成的公园，是欧美体育公园的主要形式。公有投资的体育公园，即完全由政府投资所建成的公园，是我国主流的体育公园模式，如成都城东体育公园。

8.1.3 体育公园功能

1. 社会功能

1）提供绿色运动空间，促进大众身体健康

体育公园为体育运动爱好者提供了适宜的场所，推进全民健身、提高大众身体素质，也为社会提供了自然舒适的绿色运动空间。

2）传播地域文化，提升城市活力

体育公园通过其景观形象和文化创意，以及举办特色文体活动，传播地域文化和体育文化，展示城市风貌，提升城市形象，丰富大众生活，完善城市功能，提升城市活力。

2. 经济功能

体育公园的开发，为城市的发展带来了大量的经济效益。一是为体育赛事提供了场所，促进了观光旅游业的发展；二是带动了体育相关产业的发展，带动了周边餐饮、购物等产业。

8.1.4 体育公园特点

1. 体育运动与游憩休闲相结合

体育公园以“体育”作为公园主题，公园里所有的活动内容、设施都围绕体育这一主题来设置，因此要求公园在外部形象、功能内容、布局上都能够体现这一特色。

2. 体育运动与自然景观相结合

体育公园充分与自然环境融合，公园内环境优美，人们在运动中享受自然景观，心情更加愉悦。

3. 体育运动与全民健康相结合

体育公园主要服务于普通城市居民，供居民体育锻炼、游览、休憩之用，园中设置的体育场馆，以及文教、服务建筑等都面向群众开放。

8.1.5 体育公园起源与发展

1. 国外体育公园起源与发展

体育公园的出现是源于体育场所的公园化背景。公元前776年，古希腊在伊利斯城邦建设奥林匹克运动场时，人们就希望能够在自然的户外环境中交流，这种在自然风景中进行体育活动的特权，在很长的一段时间内被贵族独享。1857年，美国在纽约中央公园建设了很多运动场地，实现了普通市民在公园中健身运动的愿望。1956年，美国国家公园服务部和美国森林服务部第66号文件对公园内相应的体育配套标准做出了规定，并从城市土地中划分出专门的土地用于修建公园。20世纪90年代，国际上开始提出体育公园的概念，此后掀起了体育公园建设的热潮。

1956年，日本第一部《都市公园法》制定了运动公园的有关标准，即每隔5～10km应有一处运动公园，面积从15～75hm^2不等。20世纪80年代，为了维持并增进国民身心健康，日本首次提出了“健康运动公园”建设。21世纪以来，日本体育公园的游览休憩功能变得更加突出，并逐步向综合性功能转型，如新潟县体育公园、富田林市立综合体育公园等。

2. 国内体育公园起源与发展

我国近现代体育公园的发展和近现代体育的发展密切相关。1900年前后，西方的奥林匹克竞技精神和思想传入中国，同时外国人开始在华建设公园，开始出现体育锻炼的思想。1906年，上海虹口公园设置了体育活动区域，园区内许多场地可以用于体育活动或者比赛。1926年，陈植先生在《镇江赵声公园设计书》中，首次提出在公园中开辟运动场地的构想。

改革开放以来，我国体育事业迅猛发展，在全国掀起了体育场馆设施建设的高潮，各级政府纷纷建设大型比赛类体育场馆，成为城市的标志性建筑，我国的体育场馆建设由此进入快速发展时期。1982年，体育公园这一概念首次在《城市园林绿地规划》教材中被提及。1995年，国务院颁布了《全民健身计划纲要》，提出要建设人民群众身边的体育场地，各级政府开始利用城市空闲用地建设社区体育场地，极大满足了人民群众的健身需求。在“全民健身”文化传播下，我国掀起了体育公园建设的高潮。由于城市建设用地十分紧缺，规划考虑将体育场地与公园结合，于是体育公园应运而生。2004 年建成的闵行体育公园是上海首个体育公园，其成功之处在于将运动健康元素融入公园中，成为市民休闲和健身的综合性场所。

随着国家现代化进程推进，在《中华人民共和国国民经济和社会发展第十四个五年规划和 2035 年远景目标纲要》《“健康中国 2030”规划纲要》《全民健身计划（2021—2025 年）》（国发〔2021〕11 号）等国家政策的推动下，体育成为全民健身国家战略的重要载体，公园迎来了新的发展机遇。2021 年，国家发展改革委、体育总局等 7 部门联合印发《关于推进体育公园建设的指导意见》（发改社会〔2021〕1497 号），规划到 2025 年，全国新建或改扩建 1000 个左右的体育公园，逐步形成覆盖面广、类型多样、特色鲜明、普惠性强的体育公园体系。2022 年，中共中央办公厅、国务院办公厅印发了《关于构建更高水平的全民健身公共服务体系的意见》，进一步推进体育公园建设。

8.2 体育公园设计方法

8.2.1 设计原则

1. 主题鲜明原则

体育公园以体育锻炼为主题，专类特色应当在规划设计中得到突出体现。它为锻炼者提供景色宜人的公园，也展现体育文化的魅力，传达积极向上的体育精神，优化人们的精神生活。

2. 科学性原则

体育公园要做到科学设计、方便管理，为体育竞赛、训练、休息和文化教育活动创造良好条件。按照不同功能进行分区，将运动、自然生态、社交休闲等功能区合理分布在公园中。

3. 人性化原则

将人性化设计贯穿体育公园始终，建立系统化的配套服务设施，以满足不同人群从运动开始到结束不同阶段的需要。

4. 安全性原则

体育公园的安全性尤为重要。运动设施要勤检勤修，要有明显的安全警告标志，要考虑儿童、老人和残疾人使用的合理尺度，甚至进行专门设计。

8.2.2　规划选址

在选址时首先要考虑交通的流畅性。占地面积较大的综合性体育公园一般选址在交通压力较小的城郊区域；面积较小的市级、区级体育公园，可以选址在市区与广大居民距离较近的地方，方便人们经常来此运动休闲。

8.2.3　功能分区

体育公园要围绕体育运动进行分区规划，可以按照动态运动区、静态运动区分区，满足人的运动和休闲需求；也可以按照老年运动区、青少年运动区、儿童运动区分区；还可以按照景观特色分为陆上运动区、水上运动区等。

8.2.4　道路交通

道路规划要满足车行的要求，以便养护管理车辆能方便地到达各个功能区；消防通道也要满足使消防车辆能顺畅到达各主要功能区；游步道贯穿全园，铺装材料应丰富；入口设在人流量较多的街道上时，应注意满足大量人流的疏散需求。

8.2.5　体育设施与小品

体育公园的设施需要与景观相融合，将运动场地分布在景观之中，从而让人们在锻炼的同时，还能够欣赏周边的景色。体育公园中的各种小品以体育形象塑造文化，应达到颜色、质感、体量与周围的环境统一。

8.2.6　植物景观

植物景观应按照场地功能定位，形成富有鲜明特色的植物景观。

8.3　体育公园设计案例

8.3.1　以色列宾亚米纳体育公园

1. 项目背景与概况

宾亚米纳体育公园坐落于以色列海滨沿岸的平原城市宾亚米纳（Binyamina），是一个集运动休闲与景观步道于一体的开放式公共空间，也是当地慢行系统与自行车道网络规划中的一部分，属于社区级体育公园。宾亚米纳体育公园面向各个年龄层的人群开放，项目为附近居民、儿童、行人、自行车与滑板爱好者提供了一个理想的聚会活动场地。宾亚米纳体育公园由 BO 景观设计事务所规划设计。

2. 现状分析

公园位于一条连接海岸高速公路和城镇的步道上，公园北邻商业区，与商业区之间相隔一条城市道路，西南侧是住宅区。场地是由一条贯穿全园的曲线以及穿插在其中的数条直线构成，整体形状狭长，宽度最宽的部分大致有 35m，最窄的部分有 20m 左右。

3. 设计目标

公园旨在以新颖的手法促进商业、社交与娱乐的有机结合，反映当代以人为本的设计理念，同时也为当地居民提供了运动的场地，营造出理想的社区环境，在促进人们互动交流的同时，鼓励人们积极参与体育活动。

4. 设计策略

公园的设计理念是将体育场地作为公园景观进行展示，让体育运动的美感充分体现在公园之中。公园空间按照活动强度划分为高强度运动区、中强度运动区和弱强度运动区，相应的有动 - 动 - 静三个层次。高强度运动区包括自行车与滑板廊道等，中强度运动区包括儿童乐园、运动健身区等，弱强度运动区主要包括休憩观赏区（图 8-1）。

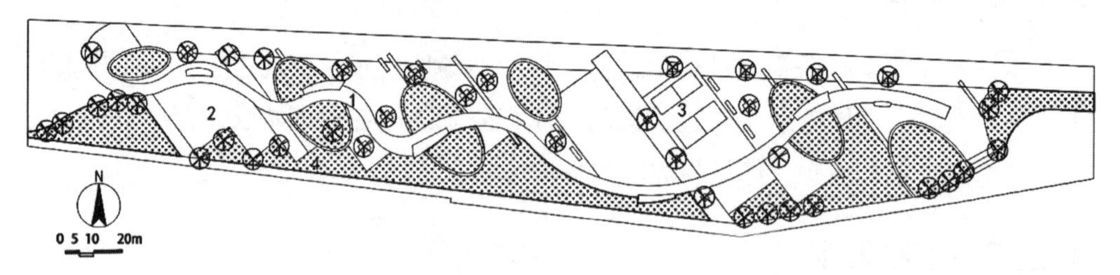

1—自行车滑板廊道；2—运动健身区；3—儿童乐园；4—休憩观赏区。

图 8-1 公园平面图

5. 设计细节

1）游线分析

场地硬质面积较大，由两条道路串联形成游线，同时为居民和游客提供游玩、骑行和滑板的场地。两条步道中，一条相对平缓，用于散步休闲，另一条则更有起伏，十分适合骑行与滑板运动（图 8-2）。

2）空间营造

公园不仅为游人们提供了开放阴凉的休息场地，还提供了丰富的体育活动空间。一条蜿蜒的柏油路环绕着 6 座小山丘，使运动类型变得十分丰富，并且为花样自行车爱好者和滑板爱好者提供了场地，形成富有动感与童趣的立体运动空间。

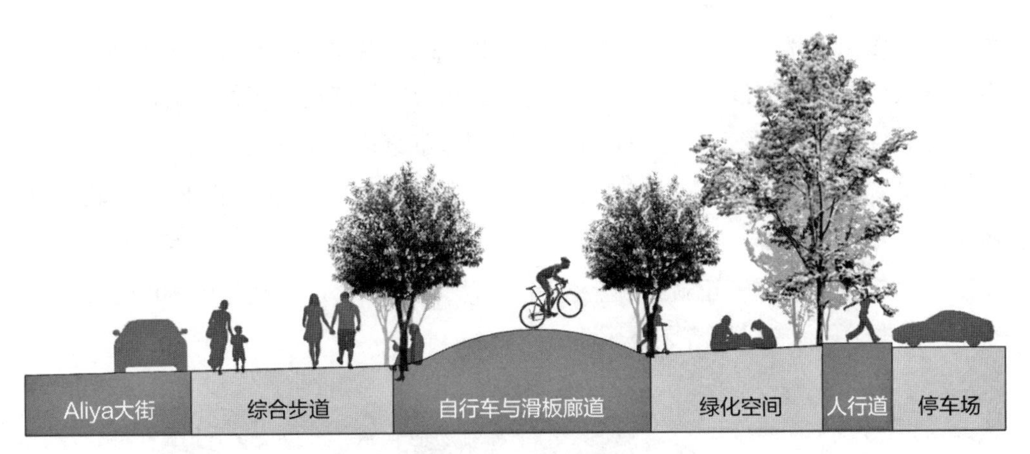

图 8–2　公园剖面图

3）植物设计

场地内的老橄榄树被保留了下来，并被巧妙地纳入景观中。起伏的小丘被一簇簇草本植被覆盖，规整的种植方式让人联想到当地的果园与葡萄园。设计师采取减少园艺植物面积、增加高大乔木种植的策略，旨在提供更多的荫蔽空间，营造出舒适宜人的微气候。

6. 经验启示

项目为社区居民营造出理想的社交环境，在促进人们互动交流的同时，鼓励人们积极参与到体育活动中去，富有生机活力的公共空间实现了公园的全龄友好化，体现了以人为本的设计理念（图 8–3）。

图 8–3　社区居民聚集活动

8.3.2　扬州李宁体育公园

1. 项目背景与概况

2014 年，国务院印发了《国务院关于加快发展体育产业促进体育消费的若干意见》(国发〔2014〕46号)，把全民健身上升为国家战略，把增强人民体质、提高健康水平作为根本目标。“十二五”期间，扬州市全面展开了体育公园建设，对群众身边的体育设施进行了提质加密，加强科学规划。

扬州李宁体育公园是扬州市重点打造的现代城市公共空间(图8–4)，由澳大利亚柏涛公司、北京土人景观设计，李宁基金会赞助建设。2013年体育公园开工，2015年“李宁体育园”正式开园。公园为市民提供一个运动健身休闲的好去处，获得江苏省十佳体育公园等荣誉。

图8–4 公园鸟瞰图

2. 现状分析

公园位于江苏省扬州市广陵区文昌东路南侧，沙湾中路东侧，东邻廖家沟，西面为商务区，南北两侧无高楼建筑，视野开阔。公园总面积17.68hm^2，运动场馆面积5.13hm^2，户外空间12.55hm^2。公园紧邻扬州CBD，主要面向周边生活的居民和工作的白领，是一座充满新时代活力的文化主题型体育公园。

3. 设计目标

设计以现代科技为引领，通过打造充满活力的户外体育活动空间，吸引市民参与。设计以“倡导快乐运动，健康生活”为理念，以悦活低碳为主旨，使其成为可持续、绿色节能、现代时尚的体育公园样板(图8–5)。

4. 设计策略

园区由体育运动区、运动休闲区、体育文化区及服务配套区组成，涵盖羽毛球、篮球、足球等项目。公园将现代城市同传统文化相结合，建立可持续的体育设施；在竞技体育的基础上，引入了攀岩、蹦床等休闲体育，将竞技体育向大众体育推广；设计运用了雨水收集与排涝系统，以及覆土的建筑形式，强调生态环保的理念(图8–6)。

图 8-5　建筑与景观相融

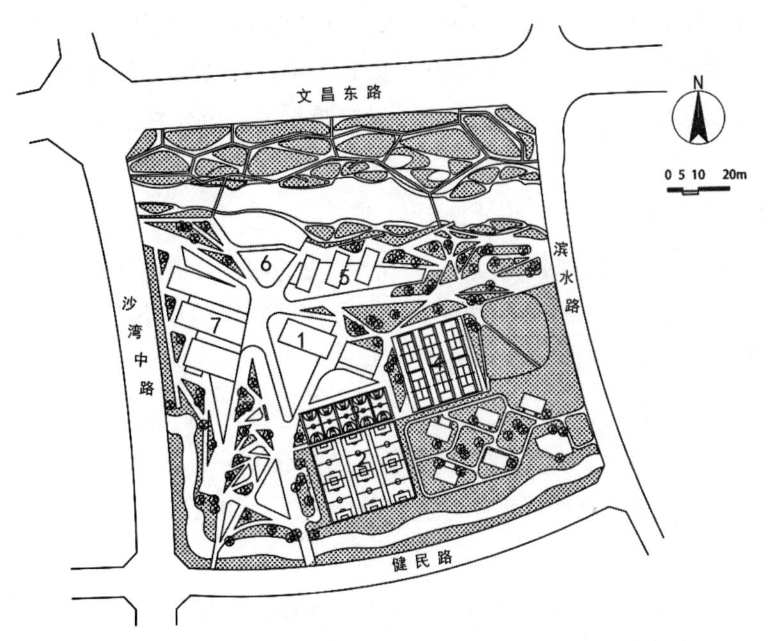

1—游泳馆；2—足球运动场；3—篮球运动场；4—网球运动场；5—体育培训中心；
6—下沉广场；7—室内训练中心。

图 8-6　公园总平面图

1）“破土而出”

“破土而出”是指将建筑融入公园环境，成为一个有机整体。在空间形态上，采用景观建筑一体化的设计，斜面覆土建筑形式仿佛从公园地面上“破土而出”。

2）因地制宜

场地被水系包围，堆积了三座人工山体，形成“三山两河”的城市景观。“三山”分别为室内训练中心、游泳馆、体育培训中心，“两河”指南、北两侧水系。

3）化整为零

设计将扬州地域文化引入到场地，借鉴扬州园林空间布局方式，将大型体育场馆空间分成了多个小场馆，增加场馆使用的灵活性，形成许多小型空间，增加了空间使用效率。

5. 设计细节

1）雨洪管理

公园设计了雨水收集、过滤、净化和再利用系统，通过合理安排场地竖向设计，使道路、运动场地、建筑屋顶等处的雨水经收集后，在雨水花园中过滤净化，最终流入湖体。经过净化后的水被再利用于景观水系、植物灌溉，以及水雾空调系统等。

2）循环利用

设计为减少土方外运，将其就地利用，塑造空间起伏的多样地形。渣土上方覆盖种植土，改良了种植条件，丰富景观竖向效果。设计将光伏设施用于自行车棚及景观构筑物棚顶，产生的能量用于景观照明系统，以实现绿色环保和能源循环利用。

3）微空间设计

设计利用阔叶树及庭荫树形成了一片“绿色伞盖”，覆盖于运动场地之上，发挥绿色调节的功能，形成舒适的微气候，让使用者在绿荫里享受运动，促进到访者的身心健康，并带来感官上的舒适感和享受。

4）传统文化嵌入

扬州剪纸作为国家级非物质文化遗产，已经成为了扬州一张亮丽的城市名片。设计将景观形态与建筑立面形态相呼应，浑然一体，如大地剪纸艺术。

6. 经验启示

体育公园把现代城市功能与传统历史文化相结合，创造出反映群众生活方式和可持续发展的现代体育设施。设计强调公众参与性理念，增加公众体育方面的知识，增强体育运动意识。设计将生态环保贯穿公园主线，践行了绿色可持续的发展理念。

第 9 章

儿童公园

9.1 儿童公园设计理论

9.1.1 儿童与儿童公园概念

1. 儿童

根据《联合国儿童权利公约》，儿童是指 18 岁以下的任何人。

2. 儿童户外活动特征

儿童的户外游戏活动具有以下特征：一是聚集性。儿童在户外活动常以年龄分类，即年龄相仿的儿童在一起游戏。3～6 岁的儿童多喜欢玩秋千、跷板、沙坑等，一般需家长陪伴；7～12 岁的儿童喜欢在户外较宽阔的区域进行更加激烈的活动，如跳绳、小型球类游戏等；12～18 岁的少年可独立参加各类体育和科技活动。二是季节性。一般而言，春、秋两季温度适宜，儿童户外活动人数较多；冬季气候寒冷，夏季气候炎热，户外活动人数相对较少。三是时段性。一年中多集中在节假日，一天多集中在上午 9—11 点，下午 3—5 点。四是求知性。儿童对周边的人或事物都非常感兴趣，在游戏中寻求视觉、听觉、触觉、味觉等感官刺激和体验，从而产生愉悦情绪。

3. 儿童公园概念

儿童公园（Children's Park）是专为儿童单独或组合设置的专类公园，配有完善安全活动设施，是为儿童群体提供游戏娱乐、户外活动、科普教育的场所。儿童公园面积宜大于 $2hm^2$，绿化占地比例宜不低于 65%。

9.1.2 儿童公园分类

1. 根据公园性质分类

依据公园的内容与性质，儿童公园可划分为综合性儿童公园、主题儿童公园和普通型儿童公园。综合性儿童公园是为全市或较大区域内的儿童群体提供休息、游戏、娱乐、体育活动及科普教育场所的专类公园，其内容比较全面、各项设施完备，可以满足不同年龄段儿童多种活动的需求。主题儿童乐园是在儿童娱乐、运动、学习等方面中，重点突出某方面主题，围绕主题设置活动内容，并形成较为完善的系统，同时设置必要的辅助设施。普通型儿童公园通常建设在居民区附近，面积较小，服务对象一般为附近儿童，这类儿童公园主要满足儿童的基本活动需求。

2. 根据服务范围分类

依据公园服务的范围，儿童公园可划分为市级儿童公园、区级儿童公园和社区儿童公园。市级儿童公园面向全市范围内的儿童，如深圳市儿童公园。市级儿童公园一般面积大于 25hm^2，拥有完备的科普教育、文体娱乐等设施，环境优美，功能齐全，能满足全市范围内不同年龄儿童的多种需求。区级儿童公园一般为区（县）范围内的儿童服务，面积一般为 5～25hm^2，功能变化多样，具有较为完备的科普、游戏设施以及良好的绿化环境，能满足辖区范围内不同年龄儿童的一般需求。社区儿童公园主要为社区范围内的儿童提供科普教育、娱乐活动等场地，面积在 2～5hm^2，具备基本的科普、游戏设施和良好的绿化环境。

9.1.3 儿童公园功能

1. 游戏娱乐功能

儿童公园根据不同年龄段儿童的心理特征，设置各异的户外游戏、户外冒险等活动，让儿童在游戏中通过对环境进行触摸、感知、判断，促进其心智发展、生理变化，在潜移默化中提升观察、模仿、思考、探索的能力。

2. 教育功能

儿童公园的教育功能主要表现在科普教育和自然教育两个方面。通过举办科学技术展览、画展、科技活动等，可使儿童获得对科学技术的认知和体验，普及科学技术知识，培养儿童热爱科学技术的精神。此外，亲近自然是儿童的天性，走进大自然，体验自然的奥妙，通过儿童游戏与环境互动，让儿童在与光、空气、植物、水等自然元素接触的过程中，树立正确的自然观。

3. 社交与锻炼功能

儿童公园不仅为儿童和青少年提供了专门的体育活动场地，如篮球、足球、轮滑等，而且在各类活动中，孩子们同样会提升与人交往、沟通、学习等能力，儿童公园的体育活动是儿童社交的途径之一。

9.1.4　儿童公园特点

1. 游乐要素的多样性

儿童公园的游乐元素一般有自然、半自然、人工三种游乐形式。自然元素与场地自然环境特性紧密相连，如原生态的山野林地等。人工、半自然元素是儿童公园承载游乐活动的主要载体，前者包括设施游乐场、主题广场、体育健身场地等，后者主要有草地、沙池、人工湿地等。

2. 活动时间的集聚性

学龄儿童的生活规律较为一致，娱乐时间主要以周末和节假日为主。寒暑假是各大儿童公园人气最旺、利用率最高的时间段。学龄前儿童的活动时间与看护人一致，相比于冬夏两季，在春秋时节、室外舒适度较高时居多。

3. 游乐场地的包容性

儿童公园游乐场地的包容性是指在建设过程中充分考虑不同年龄段儿童的需求和行为，对场地的设施、颜色、功能、规模、游戏种类、游戏范围等进行科学划分，激发儿童的潜在兴趣，发展儿童的创造性与积极性。

9.1.5　儿童公园起源与发展

1. 国外儿童公园起源与发展

最早的儿童公园从综合公园中的儿童游乐场发展而来，后来逐渐成为配有专业游乐设施的独立公园和主题儿童乐园。18 世纪工业革命后，随着城市居住密度的加大，城市居民数量激增，但专门为儿童提供游戏活动的场所较为缺乏。1845 年，由美国设计师 Josia Majok 设计的有跷跷板、攀登木等设施的儿童游戏场，是最早的有文献记载的儿童游乐场，建成后深受家长和儿童青睐。1858 年，奥姆斯特德在纽约中央公园西北部专门为儿童开辟了游乐空间，此后在公园中开辟儿童游乐场成为普遍做法。1886 年，在波士顿建立的沙地公园（Sand Gardens）积极推动了美国儿童户外活动空间建设的发展。1887 年，纽约通过了“建造含有儿童游戏场地设备的小型公园”的立法，儿童公园逐渐为人们所熟悉。

1903 年，纽约曼哈顿下东城希沃德公园（Seward Park）正式开放，成为美国第一个由政府建造的永久性儿童公园。随着 1918 年国际游乐园协会（International Association of Amusement Parks and Attractions，IAAPA）在美国成立，世界范围内儿童公园的建设逐步纳入城市规划中。1933 年，国际现代建筑师协会（Congrès

International d'Architecture Modern，CIAM）在大会上通过了由勒·柯布西耶起草的《雅典宪章》,《城市规划大纲》中明确要求"新建居住区应预留出空地作为建造公园、运动及儿童游戏场之用"，这是国际学术界首次提出在居住区建设儿童游戏场。到 1979 年，世界上有十多个国家专门制定了居住区配套儿童游戏场的标准。

历经百年探索，儿童公园规划设计内容已相对成熟，主要表现在以下几个方面：一是有了明确量化的标准和规范，如德国制定了《儿童游戏场设施》（DIN 7926，DIN 指德国标准）和《游戏场和户外游乐场》（DIN 18034）等标准；二是构建了分层分类的儿童公园体系，对活动空间的大小、数量、位置、服务半径、设施内容等均作了规定，如日本东京设置了少年、幼年和幼儿三级儿童公园体系。

2. 国内儿童公园起源与发展

1868 年，上海外滩公园（现名黄浦公园）规划的儿童游戏场地是我国儿童公园最早的雏形。此后，日本在天津大和公园（日本花园）、英国在皇后公园等建设的公园内设置了儿童游戏场，掀起了在公园中增设儿童游戏场地的热潮。

新中国成立后，全国各地利用原有公园，新建了一批儿童公园。1956 年哈尔滨市在原铁路花园的基础上改建的哈尔滨儿童公园，开启了新中国儿童公园建设的新篇章。改革开放后，儿童公园的建设在全国范围内得到了推广。1978 年，绍兴人民公园被改建为儿童公园；1980 年，北京市将儿童游戏场纳入城市居住区规划内容；1982 年，大连市儿童公园向公众开放；1983 年，深圳市建成了第一个市级儿童公园。

进入 21 世纪，社会各界对儿童健康成长愈发重视。2004 年，中共中央要求大城市应逐步建立布局合理、规模适当、功能配套的市、区、社区未成年人活动场所，中小城市要因地制宜，重点建好市级未成年人活动场所，有条件的城市要辟建少年儿童主题公园。2015 年，广州市 1 个市级、12 个区级儿童公园相继建成开放，形成了较为系统的城市儿童公园群。2021 年，深圳市印发了《深圳市建设儿童友好型城市行动计划（2021—2025 年）》，拟在 5 年内在全市范围内合理布局 11 个儿童专类公园，新增加儿童游乐场地 100 处，各区至少新建或改建一个儿童专类公园，满足不同年龄阶段儿童的需求。

经过多年的发展，儿童公园在北京、上海、广州等大城市得到了迅速发展，儿童公园的设计理念也愈加趣味化和人性化，互动参与式、自然教育活动等代替了以往简单的游玩，主题突出、寓教于乐成为儿童公园设计的主要目标。尽管如此，我国在儿童公园建设方面还有不少短板，应尽快出台指导儿童公园规划建设的标准和规范，增加儿童公园的规模和数量，完善儿童公园分级分类，使之与城市儿童人口数量相匹配，提高人均儿童公园面积。

9.2　儿童公园设计方法

9.2.1　设计原则

1. 安全性原则

为确保儿童活动时的人身安全，设计时需要考虑：

1）活动场地选址远离机动车和骑行道路，场地视线通透开阔；

2）道路、建筑、植物、水景等景观要素要符合儿童的活动特点，设置儿童可识别的安全标识；

3）游乐设施、公共设备等使用材料要无毒无污染；

4）应根据儿童的行为特点及儿童人体工程学尺寸，对细节进行处理。

2. 可达性原则

儿童公园选址应尽量靠近居住区，应优先选取山体、坡地、水体、林地等自然资源丰富的场地，应尽量避开繁忙的城市要道，避开高压线、变电站、垃圾场、污染性厂矿等。

3. 互动游憩原则

亲子互动是儿童公园的主要特色。在儿童公园设计中，营造良好的亲子互动空间，提供安全舒适的娱乐设施，设计融洽的亲子活动，能帮助孩子和父母建立良好的亲子关系。

4. 寓教于乐原则

儿童公园提供了在玩耍中获得知识的方式，更符合儿童的天性和认知发展的规律，更能够激发儿童的想象力和创造力。将游戏与学习结合起来，在趣味性强、感知明确的互动学习中，儿童对自然的认识和领悟也将获得提升。

9.2.2　功能分区

不同的年龄阶段的儿童，对空间的需求存在着明显的差异。儿童公园规划设计时一般按年龄段设立不同的活动区域，年龄相近的儿童可以在相邻的区域活动。

在 1～3 岁儿童活动区，婴幼儿的活动能力有限，但对于可操控的玩具也有好奇心。在区域内可以为 1～3 的儿童设置小环路、平衡木、虹桥、小型沙坑等。尽量采用软质的铺面材料，表面平滑，色彩鲜艳，易于赤脚走路和爬行。

在 3～6 岁儿童活动区，3～6 岁的幼儿可以进行独立游戏，能够有意识地和他人进行交流活动，可以在环境中适当引导儿童交友和结伴游乐行动。这一年龄段的儿童喜欢攀爬、跳跃、拍球等活动，活动范围明显扩大。

在7～12岁儿童活动区，这一阶段儿童的身高和体重快速提高，体力和活动的强度也大幅增加。可以设置一些竞技类的体育活动设施，促进身心发展。

在青少年活动区，青少年的身体和生理机能基本健全，活动强度也大幅增加，可以进行专业化的体育锻炼项目，也可以设置具有竞技性、教育意义和发散思维的游戏。

9.2.3 道路广场

儿童公园的入口广场要简洁大气，大门应具有强烈的标识性并符合儿童的审美，如利用夸张的卡通形象或精美的动植物形象、营造童话场景等来吸引儿童。园内道路应平坦，铺装材质平整、安全，色彩搭配、材料质地、大小尺寸等都应该与场地环境氛围相协调。

9.2.4 建筑设施

色彩艳丽、造型奇特、具有童话般场景的建筑通常对儿童有巨大的吸引力，是表达儿童公园主题的重要元素之一。园内的不同建筑，受环境和服务对象不同而风格迥异，共同之处是让建筑容易识别、尺度适宜、安全环保。

9.2.5 游乐设施

户外儿童游乐设施需要将艺术美、可靠性、安全性、易用性、经济性和功能性综合考虑，寻求人 - 机 - 自然的平衡与和谐，高质量的儿童游戏设施能对儿童的心理产生积极的影响。

9.2.6 植物景观

乔木宜选择冠大荫浓的树种，灌木宜选用开花、萌发力强的种类，避免选用有毒、有刺、有絮、有刺激性气味的植物。

9.3 儿童公园设计案例

9.3.1 美国孟菲斯谢尔比农场公园林地探险乐园

1. 项目背景与概况

美国田纳西州孟菲斯城（Memphis）是全美贫穷率与犯罪率最高的城市之一，2003年在美国人口超过50万的城市里贫穷率高居前三。受空间、经济和认知所限，相当一部分市民的生活处于不健康状态，肥胖率高达 32%。谢尔比农庄公园（Shelby Farm Park）位于孟菲斯市东部边缘，距离市中心 9.6km，占地 1821hm^2，曾是监狱的附属农场与教改基地，20 世纪 70 年代改造为公园。随着时代变迁，政府希望通过改造谢尔比农场公园，提高居民的生活环境质量，在城市和社区内倡导更健康、更绿色的生活方式，营造更富活力与包容力的城市空间。

2008 年，政府举行了国际设计招标竞赛，詹姆斯·科纳景观事务所（James Corner Field Operations）中标，随即进行了总体规划，建成后成为美国最大的城市公园之一，是继密西西比河之后孟菲斯最大的城市标志，也是该城市的文化中心。

林地探险乐园（Woodland Discovery Playground）是公园最具挑战性的设计项目。设计师采取了亲自然的可持续性设计，项目与自然环境相融合，注重场地的生态环境可持续保护与修复，获得国际可持续景观和场地（Stainable Sites Initiatives，简称 SITES）认证，成为当地最著名的儿童乐园之一（图 9-1）。

图 9-1 林地探险乐园鸟瞰图

2. 现状分析

林地探险乐园面积约 1.6hm^2，该场地原来为 20 年前建造的游乐场，设备完善却年久失修，周围环绕着林地，森林中种植茂盛的山蜡。项目由设计师与当地的孩子共同完成，设计师充分尊重并积极听取当地孩子们的意见，他们不仅是这个场地的主人，更是真正的玩耍专家，建成后的游乐园成为谢尔比农场公园最令人兴奋、令人津津乐道的项目。正如谢尔比农场公园在其官网宣言："我们相信，一个出色的儿童户外活动场地能改变世界。"

3. 设计目标

公园旨在营造一个真正意义上对所有孩子完全平等的公共空间，不同年龄、不同肤色、不同受教育程度的孩子在一起自由玩耍，这里是儿童亲近自然的绝佳场所。

4. 设计策略

1）参与性设计策略

林地探险乐园的设计邀请了当地孩子及其父母共同参与，并由游戏专家、著名作家苏珊·所罗门主持。设计师根据孩子们的意愿，营造可以发现、冒险、想象的全新林间探索游乐园。乐园营造出的允许改变、转换和成长的氛围，有机融入了儿童学习、发展的理论，成为孟菲斯社区儿童乐园的典范。

2）可持续设计策略

林地探险乐园是首批SITES认证的项目之一。项目实施了场所生态修复，种植80余种当地树种，清理了大量具有破坏性的树种，进行侵蚀防控，并执行了严格的土地管理方案。此外，项目贯彻了生态绿色的设计理念，大量使用循环再生材料，如用回收钢材制成的藤架、在网格和树屋鸟巢表面的军靴碎片、用牛奶壶嘴做成的椅子，以及森林管理委员会（Forest Stewardship Council，FSC）认证的木材等，用实例给儿童上了环境教育课程。

3）空间布局策略

针对不同年龄段儿童自身的能力和兴趣，整个游乐场由藤架和鸟巢组成。以藤架作为路线，鸟巢作为游戏空间，二者互相连接，搭建组成6个户外游戏空间。滑梯、秋千、织网悬挂在树上，高低起伏的小山丘提供了丰富的游戏体验，凉亭和鸟巢为孩子们提供了一系列欢乐无限的“捉迷藏”场所。所有的儿童在这里以前所未有的方式尽情想象，并最大限度地获得了空间和感官体验。

5. 细部设计

1）藤架

藤架长约402.5m，由可回收的钢材制成，设有拱形入口，通向各游戏空间。藤架形成的立体结构在平面和截面上都有弯曲，高低起落，形成了多样的棚架空间。随着时间的推移，葡萄藤和攀缘植物渐渐覆盖了棚架，形成了新的庇护所，也带来了新的游戏元素，使空间处于不断推陈出新的状态（图9-2）。

2）鸟巢

6个鸟巢是6个不同类型的游戏活动空间，各空间侧重不同方面的交流与合作。草坪鸟巢面向湖泊，视野极佳，是一个集运动、游戏和举办活动为一体的灵活空间，适合所有的成人、青少年和儿童。树屋鸟巢和摇摆旋涡鸟巢适合全年龄段儿童，前者围绕一棵葱郁大树设置半圆形座椅，为人们提供了近距离交流的场所和阴凉的教室空间，是理想的小型即兴演出和教育活动场所。摇摆旋涡鸟巢活动区有轮胎大小的圆形座椅，供儿童坐着、躺着荡秋千，体验眩晕的滋味（图9–3）。沙土与滑梯鸟巢被岩石园所包围，中心是一片宽敞的沙地，多个滑道分散在周围，均可以滑到中心沙地上，还有一座可俯瞰全园的小碉堡，这里是2～4岁儿童玩沙的天堂，角色扮演、感官体验、自由行动等可以在这里展开（图9–4）。

图9–2　藤架景观

图9–3　摇摆旋涡鸟巢

图9–4　沙土与滑梯鸟巢

此外，攀岩斜坡鸟巢有不同形式的攀爬设施和陡峭光滑的斜坡供孩子玩耍，5～11岁的儿童在此处可以攀登、滑动、社交及友好竞争。网格和树屋鸟巢适合6～14岁的儿童，该网格系统依附4棵大树而建，可以攀爬、摇摆和跳跃到达不同高度的树屋，体验高空行走、攀缘等活动，并感受危险和来自同伴的竞争。

6. 经验启示

游乐园采取了参与性和可持续性设计策略，最大化利用并改善了现有环境条件，游乐设施造型、活动空间边界、使用材料等均与自然有机融合，为儿童带来天然野趣和多种类活动选择。同时，依据不同年龄段儿童的需求，分级分类营造不同的活动空间，有效避免了不同年龄段儿童的使用冲突。建成后的林地探险乐园受到附近社区的欢迎，成为户外游乐场所设计的典范。

9.3.2 贵州乙未园儿童乐园

1. 项目背景与概况

乡村教育是我国实施乡村振兴战略的重要课题，承载着传播知识、塑造文明乡风的功能，是乡村可持续发展的动力。儿童是乡村的未来，长期的留守生活，让大多数孩子们有了“敏感、自卑、胆小、压抑”的性格特征。2015年（乙未年），受当地政府邀约，傅英斌工作室参与到乡村建设工作中。为了让孩子们有美好的童年回忆，更加快乐地成长，设计团队决定从建设儿童乐园开始，为村里的孩子创造更加美好、宜人的生活环境。儿童乐园于2016年8月建成，总占地面积1200m²，其中建筑面积45m²（图9–5）。为了纪念这个有意义的开端，设计师和村民一致同意以“乙未”命名新的乐园。

图9–5　乙未园鸟瞰图

2. 现状分析

乙未园位于贵州北部山区的桐梓县中关村，距最近的县城有山路上的1h车程。未随父母进城的儿童，在学习之余大多没有足够的空间和设施可供游玩。

3. 设计目标

项目的设计目标是为乡村儿童营建一个在课后充分享受游戏、交往和环境教育的户外游戏活动空间。

4. 设计策略

设计利用高差将场地划分为四级台地，用环形木制栈道串联整个场地的游戏空间，分别设置了广场、环形栈道、沙坑、跷跷板、秋千、传声筒等游憩活动设施（图 9–6）。

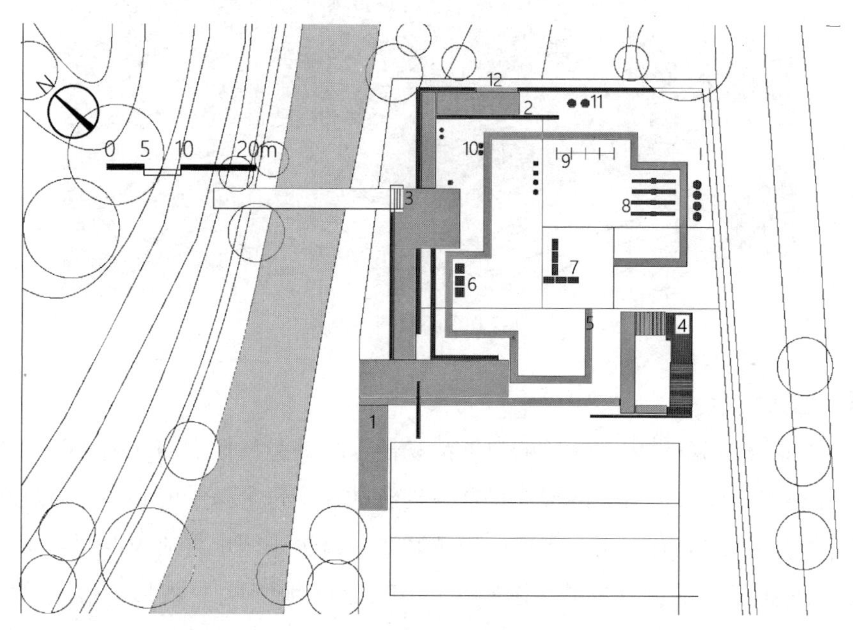

1—入口；2—景墙；3—桥头广场；4—资源回收中心；5—栈道；6—烤烟炉；7—沙坑；8—跷跷板；9—秋千；10—传声筒；11—图腾；12—出口。

图 9–6 乙未园总平面图

1）全员参与式营造

在项目实施过程中，为了让儿童与村民的参与成为可能，设计大量留白，为孩子们准备了颜料和水泥，允许他们在空白的地方涂鸦绘画。孩子们在水泥上印下树叶、自己的手掌、脚印，或写下歪歪扭扭的字迹，让他们对场地有了极强的归属感和获得感。村民的参与则体现在砌墙等更为复杂的活动中。儿童乐园将不同人群的两段时间缝合在一起，成为这段历史的见证。

2）环保低碳营建策略

基于经费的限制和场地的原生态环境，设计师选择了废物再利用的建设方式。场地中原来堆积的大量废弃水泥筒、废旧轮胎，被重新利用“拼凑”成各种游戏设施，将成本降到最低，也将乐园建设对环境的污染降到最小（图 9–7）。

3）环境教育思想启迪

“资源回收中心”是节约与循环利用理念的展示，设计师也希望以此可以潜移默化地影响孩子们的观念。以砖为基础，方钢为骨架，采用工地常见的竹跳板做面层，材料低廉且施工简单。回收中心可以收集玻璃、金属、纸张等材料，人们在场地中可以系统了解资源回收再利用的做法及其对环境改善的意义。

图 9–7 废弃材料再利用

5. 经验启示

乙未园关注到乡村留守儿童的户外活动需求，并邀请他们加入到儿童游戏活动场地的建造中，以言传身教的形式将环保理念种在了每个孩子的心中。通过亲身参与，儿童与场地之间有了更为密切的情感联系，这个乐园也将成为他们童年最美好的记忆，是孩子们的精神家园（图 9–8）。正如设计师所言，项目的落成、场地变为场所只是开始，乡村的振兴需要村民对所在家园产生认同感和归属感，方能将故乡转化为他们心目中的理想场所。这种低成本、参与式、可持续的景观设计模式为我国乡村儿童乐园建设打开了一扇门。

图 9–8 乐园成为孩子们的精神家园

第10章

口袋公园

10.1　口袋公园设计理论

10.1.1　口袋公园概念

口袋公园（Pocket Park）源于美国，也称袖珍公园（Vest-Pocket Park）、迷你公园（Mini Park），在日本被昵称为“贴身公园”（王昭，2013）。由于口袋公园称谓具体形象，越来越被广大学者接受，近年来在我国官方文件中也开始使用。

目前，口袋公园还没有统一、通用的概念。2010年，周建猷综合相关文献提出，口袋公园是产生于城市中心区或者社区内的，以公共服务为目的、规模小、使用率高、精心规划设计的城市公共空间。2022年，《住房和城乡建设部办公厅关于推动“口袋公园”建设的通知》（建办城函〔2022〕276号）提出，口袋公园是面向公众开放，规模较小，形状多样，具有一定游憩功能的公园绿化活动场地，面积一般在400～10000m^2，类型包括小游园、小微绿地等。2022年，《江苏省口袋公园建设指南（试行·2022）》对其概念进行了界定，口袋公园是向公众开放、满足人们就近休闲游憩、社会交往需求，兼有生态景观、运动健身、文化展示、便民服务等一种或多种功能，并配套相应服务设施的公园绿地，面积一般在100～10000m^2。

综上所述，口袋公园一般是指城市绿地的组成部分，其规模较小、形状多样，面积在100～10000m^{2}之间，主要供附近市民使用，是具有休闲游憩、社会交往功能，兼具生态景观、文化展示、便民服务功能的绿色空间。

口袋公园的概念没有被纳入到《城市绿地分类标准》CJJ/T 85—2017中，但根据口袋公园的建设实践，其一般包含小型游园和其他小微绿地。当口袋公园的用地类型为游园时，其绿化指标应满足《公园设计规范》GB 51192—2016的相关规定。

10.1.2 口袋公园分类

1. 按照场地规模分类

口袋公园按照规模可分为微型、小型、中型和大型四类。微型口袋公园面积一般在 100～400m²，大多数是利用建筑物、构筑物拆除后腾退的小微地块，以及道路桥梁边角空间、桥下空间等消极场地建设而成。小型口袋公园的面积一般在 400～2000m²，多为由道路绿化带等围合而成的较为封闭的观赏型绿地。中型口袋公园的面积大多在 2000～5000m²，多是以使用率较低的小广场为中心的绿地。大型口袋公园的面积一般在 5000～10000m²，多为靠近居民区，交通便利、使用率高的广场。

2. 按照空间位置分类

按照与街道空间的位置关系，口袋公园可分为街角口袋公园、街心口袋公园、跨街区口袋公园三种类型。街角口袋公园是指位于街道角落，临街两边向外敞开，方便人们自由进出，可以横穿街角的小型绿地；街心口袋公园是指位于街区内部，空间较为封闭，只有一个出入口的小型绿地；跨街区口袋公园是指位于街区中部，横跨整个街区，有至少两个出入口，连接两条街道，可以建立两个社区间的联系的小型绿地。

3. 按照区位属性分类

口袋公园依据区位属性可分为居住社区型、交通型、商业商务型和公共服务设施型四种类型。居住社区型口袋公园位于居住社区内部或周边，服务对象为周边社区居民。这类公园在规划设计上应重点关注老年人活动锻炼、儿童游戏玩耍等需求，配套适宜的健身设施和小型活动场地。居住社区型口袋公园在功能上与社区公园类似。交通型口袋公园位于道路节点、站前广场、交通环岛旁等以人流集散为主的公共场所，主要服务对象是通勤行人。在规划设计时应满足通勤行人快速进出、换乘接驳需要，兼顾等候人群短暂停留需要。

商业商务型口袋公园主要指商业区内的小型绿地、商业广场等，主要服务对象为周边工作人员。功能上以满足上班族午间小憩、短时社交、商务洽谈等需求为主，形成闹中取静的公共开放空间。公共服务设施型口袋公园位于学校、医院、图书馆等教育、医疗服务设施周边，主要服务对象为使用公共服务设施的人群。在规划设计时应考虑公众的特定需求，如提供候学、休息、科普等相应的公共场所，可多设置休息座椅，花坛也可增设可坐的坛边。

4. 按照空间形态分类

按照空间形态，口袋公园可分为自然式、几何式和混合式（李敏，2021）。自然式口袋公园以自然地形、绿地空间为主，内部道路形式多为自然曲线，营造自然静谧的空间氛围。几何式以对称几何图形为主，硬质铺装较多，道路多为直线、折线的形式，整体空间氛围简洁宽敞。混合式是将自然式与几何式结合，依据场地空间特征进行相应的组合，形式更为多样。

10.1.3　口袋公园功能

1. 景观与生态功能

口袋公园有利于缓解城市缺绿现状、调节城市局部生态环境，可形成覆盖城市的口袋公园生态系统，从而实现对城市环境的提升。

2. 邻里交往功能

口袋公园存在于城市居民日常工作、生活和学习的每一个角落，它为城市居民提供健身、交友、学习等活动空间，也能满足大部分居民的多样化需求。

3. 便民服务功能

遍布城市各个角落的口袋公园在快节奏、高效率的城市中，像一个个旅途中的驿站，为居民提供放松和舒缓的场所和健康生活的空间，也为繁忙的城市生活提供了适宜的庇护所。

4. 填补空间功能

口袋公园多建立在被遗忘的空间上，地位不重要、不起眼，却填补了大型公共空间之间存在的邻里交往空白区域，有效地连通了不同尺度下的各类城市建筑和环境，增强了城市绿色空间的连续性。

5. 防灾避险功能

小微绿地组成的口袋公园系统，将居住社区与公共空间有效联结在一起，增强了城市抵御各种风险的能力。1923 年日本关东大地震后，城市的大小公园都成为民众疏散的首选之地，发挥了极为有效的防灾避险作用。

10.1.4　口袋公园特点

从口袋公园的定义可以得出，这类公园具有占地小、布局灵活、形式多样、实用便民、数量众多等特点，对高密度城市公共空间环境起到了极为有效的补充，也填补了大、中型公园缺位所产生的服务盲区（周聪慧，2021）。

1. 分布灵活，实用便民

口袋公园的建设采用见缝插针的方式，融入到城市高密度的居住区域、商业办公和公共建筑环境中，充分地利用了城市破碎化土地，选址灵活，方便快捷地解决人们日常社交活动的需要。

2. 尺度宜人，亲切感强

口袋公园占地面积小，形状多样，出入方便，无需刻意营造公园的氛围。其宜人的尺度，让人感觉是一个充满人情味的绿色“加油站”（成喆，2019）。

3. 数量众多，使用率高

口袋公园具有数量多、分布广、方便易达，使用频率高的特点。既能满足人们日常短暂的停留、游玩和休憩，也是提高居民幸福感的一项重要举措。

10.1.5 口袋公园起源与发展

1. 国外口袋公园发展简史

19 世纪末 20 世纪初，城市美化运动在美国兴起，本意为解决当时美国城市出现的人与人、人与城市之间关系失调的问题，后来演变为只做城市中心大型项目的兴建和改造，满足了当权者的利益，却忽略了公众对生活环境的需求。1929 年，科拉伦斯 • 佩里提出了“邻里单元”规划模式，逐渐成为美国社区规划的主导思想。这一模式将小型公园作为社区户外公共空间，纳入社区规划范畴，为口袋公园的发展奠定了基础。

口袋公园的原型是建立散布在大城市中心区、呈斑块状分布的小公园（Midtown Park），在美国起步较早，发展迅速。20 世纪 60 年代初，宾夕法尼亚大学景观学教授麦克哈格带领师生实施了“邻里共有”计划，推广满足使用者日常公共活动的小型绿色开放空间，旨在为市民和低收入的家庭创造由社区拥有、使用和管理的花园、休憩场所和活动场地。1963 年，罗伯特 • 宰恩（Robert Zion）在纽约公园协会（Park Association of New York）组织的展览会上提出“为纽约服务的新公园”这一倡议，即在高密度城市中心区建设斑块状分布的小公园，这是口袋公园的最初概念（周建猷，2010）。1967 年，罗伯特 • 宰恩设计的美国纽约 53 号大街佩雷公园（Paley Park）正式开园，标志着口袋公园的正式诞生。1969 年，Whitney 在《Small Urban Space》（小城市空间）一书中提出了口袋公园相关的设计、哲学、社会学以及政治学等理念，为这一规划模式奠定了理论基础。约翰 • 林赛（John Lindsay）当选为纽约市长后加快推动了口袋公园的发展，这些见缝插针的小型绿地很快受到公众的欢迎。1990 年之后，口袋公园的类型、组成基本要素、细节元素设计等逐渐形成，相应的设计准则、尺度规范、服务半径和对象、功能特性，以及营建管理标准等也应运而生。

西班牙是除美国外，第一个将口袋公园模式引入城市建设的国家。与美国的模式相比，西班牙更加强调旧城改造。20 世纪 70 年代，西班牙通过在老城区创造大量的小型开放空间，满足市民户外活动和改善城市环境。

在英国，口袋公园的建设目标是为了改善城市环境，同时强调公众参与。城市或乡村任何可利用的公共空间，都可以改造成人和动植物均可利用的共同活动场所，口袋公园也具有更多的社会和环境价值。

自 20 世纪 70 年代开始，日本政府引入了口袋公园的概念，并写入《建筑基准法》中，法律规定在建设区保留一定空间缓解环境压力，可以获得奖励（岩下肇，1991）。同时规定，高层建筑周围必须修建口袋公园绿地作为市民的室外公共空间（任妙华，2015），以应对环境污染恶化带来的危机。经过多年发展，日本已经形成了以小型公园为主的现代公园体系。

2. 国内口袋公园发展简史

我国口袋公园的形成是伴随着小游园、带状公园、街旁绿地、居住区绿地等小微绿地的建设而逐渐发展起来。由于口袋公园强调"以人为本"的宗旨，注重城市绿色生态环境和绿色景观营造，并能够反映城市文化风貌，因此被广大市民接受和喜爱（袁野，2006）。这种灵活方便的公共绿地让城市更具有温度和烟火气息，为提升城市的整体景观环境和文化氛围起到了很好的提升作用。

随着我国城市规划进入存量提质时期，城市中的小微绿地得到了空前的重视，截至 2022 年 7 月，我国已建设和改造"口袋公园"近 3 万个。为了加快推进口袋公园建设，2022 年 7 月底，住房和城乡建设部办公厅下发《关于推动"口袋公园"建设的通知》（建办城函〔2022〕276 号），要求 2022 年全国建设不少于 1000 个"口袋公园"，各省年内建设不少于 40 个"口袋公园"。此外，我国口袋公园建设的相关技术规范也逐渐形成，2022 年，江苏省住房和城乡建设厅颁布了《江苏省口袋公园建设指南（试行・2022）》，为我国口袋公园的建设提供了极好的范本。

10.2　口袋公园设计方法

10.2.1　设计原则

1. 多功能整合原则

口袋公园规模较小，分布零散，较难实现大型活动的开展和核心功能的展示。但因其灵活性高、数量多和分布广等特点，能够有效满足特定人群的需求，如老人锻炼、儿童嬉戏和青年社交等活动，均可以在不同场景中得以实现。规划设计时，应在明确口袋公园主要使用人群的前提下，重点营造相应活动空间和景观元素，辅以其他功能。

2. 健康安全原则

口袋公园与居民日常生活息息相关，在安全性设计上应注意：（1）从细节上营造安全的活动环境，包括运动设施的定期检查、植物种类及种植的合理设计、交通安全的保障、服务设施的合理密度等；（2）从空间上营造安全的活动场所，园内功能区间不设置过高的阻挡，避免出现安全视线死角和消极环境空间；（3）充分发挥公园防险避灾的功能，在出入口、人流集散地不设置阻碍交通的设施；（4）从管理上提高公园维护质量，定期开展主题活动，提升公园使用效率。

3. 可持续性原则

可持续性发展是口袋公园应遵循的重要原则，公园设计时应倡导海绵技术和绿色低碳技术的应用，尽可能使用太阳能等再生能源，如采用无污染、易回收的工程材料，设置节水灌溉装置降低水资源消耗，利用再生水冲洗卫生间、浇灌植物等。

4. 地域文化原则

口袋公园是城市展示地方文化特色重要的窗口，应根据场地特征和资源禀赋，保留或植入蕴含当地历史文化、反映周边环境变迁、唤起百姓生活记忆的人文元素，加强分类指引和特色塑造，形成“一园一品”的景观格局。宜将地方历史名人、特色文化、地方风俗民情等，融入到口袋公园建设中，丰富口袋公园景观内涵，提升公众认同感和归属感。

10.2.2 选址与布局

口袋公园位置的选址非常灵活，作为填补空间缺口的小型绿地，可以分布在城市各类“金角银边”的零散地块。与大公园采取“长半径、中心式”服务模式不同，口袋公园受限于容量，通常采取“短半径、分散式”服务模式。因此，口袋公园的服务半径不应大于500m，适宜半径为300m左右。

10.2.3 功能分区

口袋公园是城市公共空间的有效补充，其场地功能应满足市民日常活动需求，在设计上应满足整体协调、功能分区、适老宜幼、文化特色凸显等要求。便民服务设施应该满足使用便利、配置合理、有艺术文化气息、智慧互动等设计要求。

10.2.4 铺装设计

铺装设计要充分考虑安全性，铺装材料应满足耐久性、生态性、协调性、艺术性等设计要求。

10.2.5　植物设计

口袋公园中的植物景观应该彰显“乡土性”、强调“功能性”、丰富“景观性”、注重“林荫化”等。

10.2.6　周边衔接

与周边环境的衔接应满足“融入周边、开放可达、便于管理、美化处理”的基本设计要求。

10.2.7　设施配置

口袋公园宜依据规模大小合理确立基础设施、功能配置、服务设施，景观小品、活动设施等满足使用需求，以《江苏省口袋公园建设指南（试行・2022）》为例，其规定的口袋公园设施配置见表 10–1～表 10–5。

表 10-1　基础设施配置

规模	公园类型	标识设施		安全防护设施			其他设施		
		标识标牌	宣传栏	车挡	护栏	安防监控	音响	给水排水	电器
微型	JZ	●	—	●	⊙	⊙	—	●	⊙
	SY	●	—	●	⊙	⊙	—	●	⊙
	JT	●	—	●	⊙	⊙	—	●	⊙
	GG	●	—	●	⊙	⊙	—	●	⊙
小型	JZ	●	⊙	●	⊙	⊙	—	●	⊙
	SY	●	⊙	●	⊙	⊙	—	●	⊙
	JT	●	⊙	●	⊙	⊙	—	●	⊙
	GG	●	⊙	●	⊙	⊙	—	●	⊙
中型	JZ	●	⊙	●	⊙	⊙	⊙	●	⊙
	SY	●	⊙	●	⊙	⊙	⊙	●	⊙
	JT	●	⊙	●	⊙	⊙	⊙	●	⊙
	GG	●	⊙	●	⊙	⊙	⊙	●	⊙
大型	JZ	●	⊙	●	⊙	●	●	●	●
	SY	●	⊙	●	⊙	●	●	●	●
	JT	●	⊙	●	⊙	●	●	●	●
	GG	●	⊙	●	⊙	●	●	●	●

表 10-2 功能配置

规模	公园类型	功能类型									
		休闲游憩	社会交往	儿童活动	适老活动	健身活动	体育运动	科普展示	便民服务	停车	应急避难
微型	JZ	●	●	●	●	⊙	—	—	⊙	—	—
	SY	●	●	—	—	—	—	—	⊙	—	—
	JT	●	●	—	—	—	—	—	—	—	—
	GG	●	●	●	●	⊙	—	—	⊙	—	—
小型	JZ	●	●	●	●	⊙	⊙	⊙	⊙	—	—
	SY	●	●	—	—	—	—	⊙	⊙	—	—
	JT	●	●	—	—	—	—	⊙	—	—	—
	GG	●	●	●	●	⊙	⊙	⊙	⊙	—	—
中型	JZ	●	●	●	●	●	●	●	●	—	—
	SY	●	●	⊙	—	⊙	⊙	⊙	●	—	—
	JT	●	●	—	—	—	—	⊙	⊙	—	—
	GG	●	●	●	●	⊙	⊙	●	●	—	—
大型	JZ	●	●	●	●	●	●	●	●	⊙	⊙
	SY	●	●	⊙	—	⊙	⊙	⊙	●	⊙	⊙
	JT	●	●	—	—	—	—	⊙	⊙	⊙	⊙
	GG	●	●	●	●	●	●	●	●	⊙	⊙

表 10-3 服务设施配置

规模	公园类型	功能类型							
		座椅	垃圾箱	卫生间	直饮水	多功能驿站	非机动车存放	信息服务	其他服务
微型	JZ	●	●	—	⊙	⊙	⊙	—	⊙
	SY	●	●	—	⊙	⊙	⊙	—	⊙
	JT	●	●	—	⊙	⊙	⊙	—	⊙
	GG	●	●	—	⊙	⊙	⊙	—	⊙
小型	JZ	●	●	—	⊙	⊙	⊙	—	⊙
	SY	●	●	—	⊙	⊙	⊙	—	⊙
	JT	●	●	—	⊙	⊙	⊙	—	⊙
	GG	●	●	—	⊙	⊙	⊙	—	⊙
中型	JZ	●	●	●	⊙	⊙	⊙	⊙	⊙
	SY	●	●	●	⊙	⊙	⊙	⊙	⊙
	JT	●	●	●	⊙	⊙	⊙	⊙	⊙
	GG	●	●	●	⊙	⊙	⊙	⊙	⊙

续表

规模	公园类型	功能类型							
		座椅	垃圾箱	卫生间	直饮水	多功能驿站	非机动车存放	信息服务	其他服务
大型	JZ	●	●	●	⊙	●	⊙	⊙	⊙
	SY	●	●	●	⊙	●	⊙	⊙	⊙
	JT	●	●	●	⊙	●	⊙	⊙	⊙
	GG	●	●	●	⊙	●	⊙	⊙	⊙

表 10-4　活动设施配置

规模	功能类型	运动健身设施			儿童活动设施			
		健身器材	健身步道	运动场地	游乐设施	沙地	戏水池	冲洗池
微型	JZ	⊙	—	⊙	—	—	—	—
	SY	—	—	—	—	—	—	—
	JT	—	—	—	—	—	—	—
	GG	⊙	—	—	—	—	—	—
小型	JZ	⊙	—	⊙	⊙	⊙	⊙	⊙
	SY	—	—	—	—	—	—	—
	JT	—	—	—	—	—	—	—
	GG	⊙	—	—	—	—	—	—
中型	JZ	●	⊙	●	⊙	⊙	⊙	⊙
	SY	⊙	⊙	⊙	—	—	⊙	—
	JT	—	—	—	—	—	—	—
	GG	⊙	⊙	⊙	—	—	—	—
大型	JZ	●	⊙	●	⊙	⊙	⊙	⊙
	SY	⊙	⊙	⊙	—	—	⊙	—
	JT	—	—	—	—	—	—	—
	GG	⊙	⊙	⊙	—	—	—	—

表 10-5　景观小品配置

规模	功能类型	景观照明	景观小品			
			景观构筑物	雕塑及艺术装置	水景设施	花箱
微型	JZ	●	⊙	—	—	⊙
	SY	●	⊙	—	—	⊙
	JT	●	⊙	—	—	⊙
	GG	●	⊙	—	—	⊙

续表

规模	功能类型	景观照明	景观小品			
			景观构筑物	雕塑及艺术装置	水景设施	花箱
小型	JZ	●	⊙	⊙	—	⊙
	SY	●	⊙	⊙	—	⊙
	JT	●	⊙	⊙	—	⊙
	GG	●	⊙	⊙	—	⊙
中型	JZ	●	●	⊙	⊙	⊙
	SY	●	⊙	⊙	⊙	⊙
	JT	●	⊙	⊙	—	⊙
	GG	●	⊙	⊙	⊙	⊙
大型	JZ	●	●	⊙	⊙	⊙
	SY	●	⊙	⊙	⊙	⊙
	JT	●	⊙	⊙	—	⊙
	GG	●	⊙	⊙	⊙	⊙

注：表中“●”表示应设；“⊙”表示可设；“—”表示不需要设置；JZ 表示居住社区型公园；SY 表示商业商务型公园；JT 表示交通型公园；GG 表示公共服务设施型公园。

10.3 口袋公园设计案例

10.3.1 美国佩雷公园

1. 项目背景与概况

20 世纪 50 年代，美国盛行现代主义的“大尺度”城市规划设计理念，忽视了城市公共空间的设计，结果是城市中建筑与绿地之间相互独立，缺少联系，城市失去了内在的灵魂和活力。到了 20 世纪 60 年代，随着后现代主义思潮的兴起，充满人文关怀、人性化的城市规划设计越来越多，对城市公共空间发展和复兴的需求推动了公共互动空间的形成。在此背景下，口袋公园应运而生，成为社区居民良好的交往活动公共空间。

佩雷公园属于私人所有、私人修建和管理、对公众免费开放的口袋公园，为新型城市公共空间开创了典范。该公园由哥伦比亚广播公司（Columbia Broadcasting System，CBS）的创始人、主席威廉·佩雷（William Paley）为纪念其父亲塞缪尔·佩雷（Samuel Paley）出资建造的，由宰恩布润联合公司（Zion & Breen Associates of NewYork）的景观设计师罗伯特·宰恩于 1967 年设计，并在同年建成向公众开放（张文英，2007）。数据显示，佩雷公园年均游客接待量达到 128 人 /m^2，是中央公园的 32 倍（王珠珠，2019），作为微型公共空间，佩雷公园无疑是世界范围内最著名、最成功的口袋公园之一。

2. 现状分析

公园位于美国纽约曼哈顿中心 53 号大街，地处繁华的第五大道和麦迪逊大道之间。场地为长方形（12m×32.5m），面积 390m^2。场地东、西、北三面皆为摩天大楼，南面面向纽约 53 号大街，形成自然的 U 形半私密空间。

3. 设计的目标

佩雷公园建设的目标是为繁华城市中的市民提供一处休息的场所，并形成远离纷繁环境的体验，并不追求功能的多样性，目标定位简单又非常明确。

4. 设计策略

由于公园的面积极小，为了能够容纳更多市民休息，场地采用可移动的白色折叠座椅和铺装地面。覆盖着绿植的左右两侧高墙与入口对面的水幕墙，围合成半封闭的空间，划分了内外不同的世界，获得闹中取静、都市丛林之感，整体设计简洁精致。公园共分为过渡区域、入口空间和树阵广场休息区域三个空间（图 10–1）。

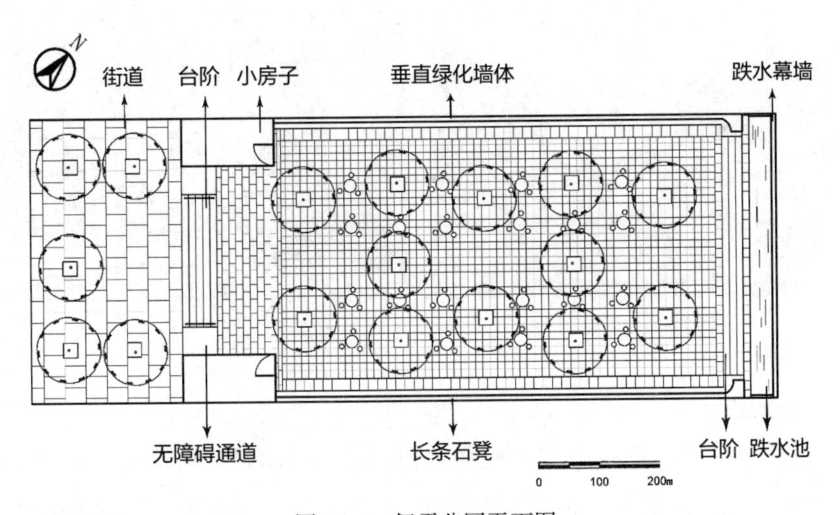

图 10–1　佩雷公园平面图

5. 细部设计

在过渡区域，设计通过地形和铺装的处理，模糊了公园与人行道的边界，使场地与周围环境的衔接十分融洽。入口空间由 4 级台阶及两侧的无障碍坡道组成，地形抬高，内外界限分明，既增强了步入公园的仪式感，也让游人活动更为安全，并具有较好的私密性（图 10–2）。

图 10–2 公园外部街道入口空间

树阵广场休息区域是公园的主体部分。12 棵间距 3.7m 的皂荚树分布其间，该树分枝点高，既不会过多侵占地面空间，又能用绿色填满顶部。从春天到秋天，阳光透过稀疏的树叶，错落的光影使场地整体光线柔和、色调丰富、气氛轻松。迎着入口，6m 高的瀑布是佩雷公园的视觉焦点。瀑布沿整面墙倾泻而下，清脆的跌水声柔化了城市不安的噪声，也使空间更具活力。跌水、移动式座椅、林下空间、轻巧小品、绿色墙体等元素的巧妙应用，让该公园成为纽约最有人情味的城市公共空间之一（图 10–3）。

图 10–3 公园内部空间

6. 经验启示

佩雷公园为口袋公园的设计开创了经典模式。利用附近构筑物形成围合空间，避开城市繁忙的交通流线，提供简洁舒适的公共空间。在人地矛盾尖锐的高密度超大城市，佩雷用私人土地建设了一个具有人情味的开放式公园，以简约的空间结构、有效的功能布局和小巧精致的设计，吸引了众多访客的光临。

10.3.2 北京王府井街区口袋公园

1. 项目背景与概况

王府井大街定名于 1915 年，目前已成为汇集中西方文化和跨国贸易公司聚集的商业闹市街区。2017 年，《首都核心区背街小巷环境整治提升三年行动方案》出台，将打造“环境优美、文明有序”的街巷胡同定为整治目标。作为核心区环境整治提升内容的一部分，王府井街区环境提档升级被提上日程，在《北京城市总体规划（2016 年—2035 年）》中，对王府井地区提出了高品质、综合化、突出文化特征与地方特色的提升要求。

北京市城市规划设计研究院通过问题诊断，梳理了街区现状，提出了展示历史文化资源、完善社区公共服务、促进品质提升、构建绿色网络骨架、建设口袋公园等解决措施，由北京市建筑设计研究院（BIAD）承担该口袋公园的设计。项目于 2017 年 9 月建成并向公众开放（孔光燕，2018）。

2. 现状分析

王府井街区口袋公园位于北京市东城区王府井西街东侧与大甜水井胡同、大纱帽胡同两个交叉处，占地面积约 950m^2。这一街区的街道界面参差不齐、残破的围墙，老旧的建筑与现代化的商业街之间形成了较大反差，整体环境极为失和。设计师将口袋公园定位于街道 4 处凹形空间中面积较大的两处，均为三面围合，一面朝街（图 10–4）。

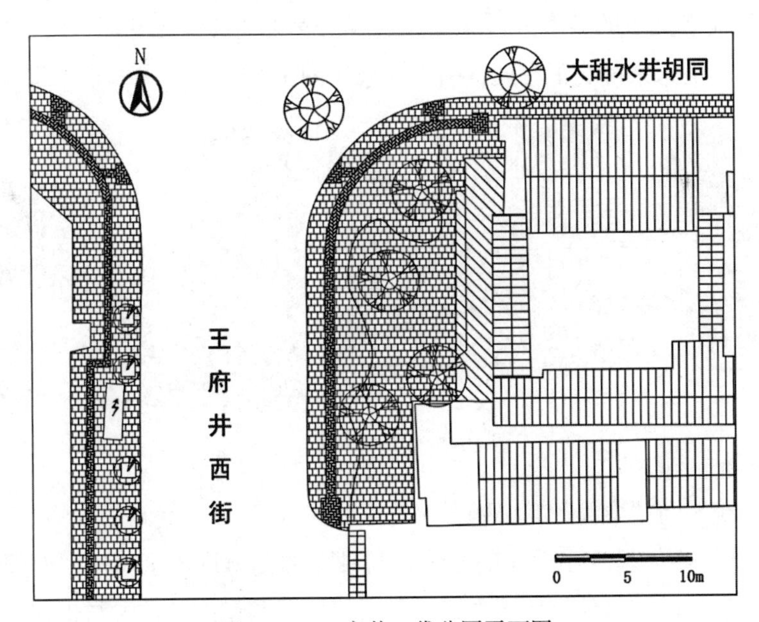

图 10–4　王府井口袋公园平面图

3. 设计目标

基于场地现有文化资源利用不充分、环境品质欠佳、形象有待提升等问题，设计的关键是在保障城市街道完整性的前提下，使该街区现有胡同公共空间与王府井大街街道空间有机融合。

4. 设计策略

由于场地有限，街道界面不整齐，设计师将空间的拓展作为了口袋公园的设计重点。采用“墙上痕”的概念，将传统砖墙的构造进行反转，得到了砖缝的“负”形，再利用墙体在阳光下呈现出的明暗、光影变化，唤醒隐藏在记忆中的过往历史。此外，选用了钢、直线和曲线等代表现代的景观元素，展示了场地“新”的属性，巧妙地让“墙上痕”成为历史和现在的融合与“共生”。“共生”是“墙上痕”的核心设计目标，这里不仅有时代的交汇，更有不同人群的共生。设计师通过对空间的划分和不同尺度的层次处理，为不同群体创造共同的公共空间，提供对话与交流的可能。

5. 设计细节

1）“藏”与“镂”的立面处理

由钢材构成的墙体立面镂空为传统的砖墙图案，透过立面展现出来的却是老墙体和旧建筑，新与旧、古与今均在同一空间得以展示。设计“藏”起了破败的墙体和建筑，同时又“镂”出昔日的记忆，保证了街道的完整性和历史的沧桑感。在距离较小的位置，镂空墙与两侧实体墙平直相连；在距离较大的位置，采用曲面设计，使过客能有更多的角度进行观赏。远观或直视通透性极好的“墙上痕”，隐藏的过去、展露的未来都交汇在此，引人深思（图 10–5）。

图 10–5　墙体立面与效果

2）“传统”与“现代”有机融合

“墙上痕”整体呈现出柔美的曲线，与硬朗的钢材形成了对比；而颇具现代气息的钢材，表达的却是传统砖墙的构造形式，阴柔与阳刚、传统与现代在这里得到了完美的诠释。墙上新式的立体绿化、建筑旁的原生植物以及新种的大国槐，共同营造出老北京四合院的“树下荫”生活场景，将京韵文化传承下去。

6. 经验启示

公共活动空间的短缺、生活环境的衰败以及场所文化的淡忘，导致整体街区活力的丧失，人们对场所的认同感、幸福感和归属感也逐渐降低。作为对公共空间有效的补充，激发人群活力、提升生活环境质量是口袋公园的重点设计目标。在有效整合场地原有历史文化和人文特征元素的基础上，用适宜的方式在场地“过去”“现在”与“将来”间建立了不可分割的联系，从目标定位、材料选择、文化传承、边界处理和空间打造上，王府井街区口袋公园都给了设计者极佳的经验借鉴。

参 考 文 献

[1] 卜菁华，王洋．伦敦湿地公园运作模式与设计概念［J］．华中建筑，2005，(2)：103-105.

[2] 陈丹，罗秋媛．深化城市修补理念，营造工业遗址公园——以广钢公园规划为例［J］．中外建筑，2017，(8)：146-149.

[3] 陈进勇．邱园的规划和园林特色［J］．中国园林，2010，26（1)：21-26.

[4] 陈明坤，张清彦，朱梅安，等．成都公园城市三年创新探索与风景园林重点实践［J］．中国园林，2021，37（8)：18-23.

[5] 陈圣泓．工业遗址公园［J］．中国园林，2008，(2)：1-8.

[6] 陈文术．中山市岐江公园现代景观设计综述［J］．安徽农学通报，2013，19（4)：127-128.

[7] 陈跃中，张妍妍，徐思婧．成都麓湖红石公园的设计思考与实践［J］．中国园林，2017，33（2)：48-54.

[8] 成实，成玉宁．从园林城市到公园城市设计——城市生态与形态辨证［J］．中国园林，2018，34（12)：41-45.

[9] 成实，成玉宁．生态与生存智慧思辨——兼论海绵城市的生态智慧［J］．中国园林，2020，36（6)：13-16.

[10] 成玉宁．现代景观设计理论与方法［M］．南京：东南大学出版社，2010.

[11] 成喆．城市高密度区口袋公园环境设计研究［D］．武汉：华中科技大学，2019.

[12] 崔柳．法国巴黎城市公园发展历程研究［D］．北京：北京林业大学，2006.

[13] 邓卓迪．试论儿童公园分区规划及内容设置［J］．广东园林，2013（5)：19-22.

[14] 杜婉秋．林间探索游乐园［J］．风景园林，2012（5)：80-85.

[15] 封云．公园绿地规划设计［M］．北京：中国林业出版社，1996.

[16] 傅英斌，张浩然．从场地到场所——环境教育主题儿童乐园乙未园设计［J］．风景园林，2017（3)：66-72.

[17] 成都市公园城市建设领导小组．公园城市：城市建设新模式的理论探索［M］．成都：四川人民出版社，2019.

[18] 顾越天，王婕，郭旭．Teardrop Park 纽约泪珠公园［J］．现代园艺，2018，(16)：148.

[19] 韩炳越，王剑，王坤．“以文化境，意景合一”——基于文化传承的城市公园设计方法探讨［J］．中国园林，2021，37（S1)：167-171.

[20] 贺善安．植物园的科学意义［J］．科学，2012，64（2)：36-39.

[21] 贺旺．后工业景观浅析［D］．北京：清华大学，2004.

[22] 胡炳清．我国城市水污染及控制规划的状况［J］．科学，1991，43（1)：54-57.

[23] 胡永红，黄卫昌，彭贵平，等．辰山植物园景观总体方案与植物设计［J］．园林，2010（5)：

11–14.
[24] 皇甫苏婧. 英国植物园发展趋势及规划设计特征研究 [D]. 北京：北京林业大学，2019.
[25] 纪芳华. 社区公园设计初探 [D]. 武汉：华中农业大学，2009：94.
[26] 江西省市场监督管理局. 生态体育公园建设规范：DB36/T 1220—2019 [S].
[27] 金相灿，稻森悠平，朴俊大，等. 湖泊和湿地水环境生态修复技术与管理指南 [M]. 北京：科学出版社，2007.
[28] 金云峰，简圣贤. 泪珠公园：不一样的城市住区景观 [J]. 风景园林，2011,（5）：30–35.
[29] 孔光燕. “口袋公园”在北京街区提升中的设计策略研究——以王府井、西单口袋公园为例 [J]. 建筑与文化，2018,（9）：158–159.
[30] 蒯亚运. 基于行为心理学的儿童公园设计研究 [D]. 南昌：江西农业大学，2014.
[31] 李春晖，郑小康，牛少凤，等. 城市湿地保护与修复研究进展 [J]. 地理科学进展，2009，28（2）：271–279.
[32] 李美慧. 北京城市综合公园功能变迁研究 [D]. 北京：北京林业大学，2010.
[33] 李敏. 社区公园规划设计与建设管理 [M]. 北京：中国建筑工业出版社，2011.
[34] 李香君. 体育主题公园的分类及特点 [J]. 体育成人教育学刊，2008,（1）：15–17.
[35] 李晓江，吴承照，王红扬，等. 公园城市，城市建设的新模式 [J]. 城市规划，2019，43（3）：50–58.
[36] 李永雄，陈明仪，陈俊. 试论中国公园的分类与发展趋势 [J]. 中国园林，1996,（3）：30–32.
[37] 李韵平. 城市公园的源起发展及对当代中国的启示 [J]. 国际城市规划 2017，32（5），39–43.
[38] 刘玲，陈露露，王凯. 河流型湿地生态规划与协同发展的策略研究——以汤阴汤河国家湿地公园为例 [J]. 建筑与文化，2021（9）：126–127.
[39] 刘新宇，薛求理，王晓俊. 十九世纪波士顿公园体系的形态演变历程及其动因分析 [J]. 中国园林，2022，38（9）：134–139.
[40] 龙婷. 现代城市滨水公园景点设计研究——以西安浐河桃花岛景区为例 [D]. 西安：西安建筑科技大学. 2008.
[41] 栾春凤，陈玮. 中国现代城市综合性公园功能变迁探讨 [J]. 南方建筑，2004,（5）：25–26.
[42] 孟凡玉，朱育帆. “废地”、设计、技术的共语——论上海辰山植物园矿坑花园的设计与营建 [J]. 中国园林，2017，33（6）：39–47.
[43] 孟刚. 城市公园设计 [M]. 二版. 上海：同济大学出版社，2005.
[44] 彭楠淋，王柯力，张云路，等. 新时代公园城市理念特征与实现路径探索 [J]. 城市发展研究，2022，29（5）：21–25.
[45] 裘鸿菲. 中国综合公园的改造与更新研究 [D]. 北京：北京林业大学，2009.

[46] 邵龙，张伶伶，姜乃煊．工业遗产的文化重建 - 英国工业文化景观资源保护与再生的借鉴［J］．华中建筑，2008，(9)：194-202.

[47] 史熙文．城市体育公园景观设计研究［D］．大连：大连工业大学，2021.

[48] 孙斌丽．基于游戏行为的儿童游乐设施综合设计研究［D］．天津：天津科技大学，2009.

[49] 孙福林，何昉，徐艳，等．我国体育公园建设发展的思考与建议［J］．广东园林，2010，32(4)：12-15.

[50] 唐斌，阳建强．英国城市公园政策及经验借鉴［J］．中国园林，2021，37(1)：105-109.

[51] 汪德华．中国山水文化与城市规划［M］．南京：东南大学出版社，2002.

[52] 王菊萍，谢良生，曹华．深圳市综合公园建设标准研究［J］．中国园林，2010，26(12)：94-96.

[53] 王立龙，陆林．湿地公园研究体系构建［J］．生态学报，2011，31(17)：5081-5095.

[54] 王绍增．叠图法和简易科研法［J］．中国园林，2010，26(9)：36-37.

[55] 王先杰．城市公园规划设计［M］．北京：化学工业出版社．2021.

[56] 王向荣，林箐．现代景观的价值取向［J］．中国园林，2003，19(1)：43-49.

[57] 王向荣，任京燕．从工业废弃地到绿色公园——景观设计与工业废弃地的更新［J］．中国园林，2003，19(3)：11-18.

[58] 王贞，方舟．强化公共属性，助力城市发展：德国慕尼黑城市公园建设及启示［J］．中国园林，2022，38(3)：51-55.

[59] 王志芳．景观设计研究方法［M］．北京：中国建筑工业出版社，2022.

[60] 王珠珠．城市口袋公园规划研究［D］．苏州：苏州科技大学，2019.

[61] 邬建国．景观生态学——概念与理论［J］．生态学杂志，2000，(1)：42-52.

[62] 吴后建，但新球，王隆富，等．2001—2008 年我国湿地公园研究的文献学分析［J］．湿地科学与管理，2009，5(4)：40-43.

[63] 吴静子，王其亨，赵大鹏．从 Garden，Landscape Garden 到 Landscape Architecture——西方风景园林观念中的中国文化因子［J］．中国园林，2015，31(2)，79-83.

[64] 吴澜，胡威．遵从自然过程的城市河流和滨水区景观设计［J］．城市建筑，2016，(3)：227.

[65] 吴良镛．关于山水城市［J］．城市发展研究，2001，(2)：17-18.

[66] 吴良镛等．发达地区城市化进程中建筑环境的保护与发展［M］．北京：中国建筑工业出版社，1999.

[67] 吴人韦．国外城市绿地的发展历程［J］．城市规划，1998，(6)：39-43.

[68] 吴岩，王忠杰，束晨阳，等．“公园城市”的理念内涵和实践路径研究［J］．中国园林，2018，34(10)：30-33.

[69] 肖华斌，袁奇峰，徐会军．基于可达性和服务面积的公园绿地空间分布研究［J］．规划师，2009，25(2)：83-88.

[70] 熊田慧子. 新时期中国植物园规划建设的发展趋势探究 [D]. 北京：北京林业大学，2016.
[71] 许浩. 对日本近代城市公园绿地历史发展的探讨 [J]. 中国园林，2002，(3)：62-65.
[72] 杨敏行，黄波，崔翀，等. 基于韧性城市理论的灾害防治研究回顾与展望 [J]. 城市规划学刊，2016，(1)：48-55.
[73] 俞孔坚，李迪华，袁弘，等. “海绵城市”理论与实践 [J]. 城市规划，2015，39 (6)：26-36.
[74] 俞孔坚，庞伟. 理解设计：中山岐江公园工业旧址再利用 [J]. 建筑学报，2002 (8)：47-52.
[75] 俞孔坚，许涛，李迪华等. 城市水系统弹性研究进展 [J]. 城市规划学刊，2015，(1)：75-83.
[76] 袁琳. 城市地区公园体系与人民福祉——“公园城市”的思考 [J]. 中国园林，2018，34 (10)：39-44.
[77] 袁野. 袖珍公园的发展与规划设计对策的研究 [D]. 哈尔滨：东北林业大学，2006.
[78] 王云才. 风景园林生态规划方法的发展历程与趋势 [J]. 中国园林，2013，29 (11)：46.
[79] 张德顺. 上海辰山植物园营建关键技术及对策. 中国园林. 2013，29 (4)：95-98.
[80] 张东，唐子颖，张亚男，等. 长沙中航国际社区“山水间”公园 [J]. 风景园林，2015，(6)：80-91.
[81] 张海欧. 城市工业废弃地改造的生态规划设计——以美国西雅图煤气厂公园为例 [J]. 绿色科技，2017 (20)：14-17.
[82] 张梦佳，王开，刘建军. 体力活动需求导向的美国城市公园分类体系解析与启示 [J]. 规划师，2018，34 (4)：7.
[83] 张云璐. 当代植物园规划设计与发展趋势研究 [D]. 北京：北京林业大学，2015.
[84] 张佐双. 植物园研究 [M]. 北京：中国林业出版社，2006.
[85] 赵地. 城市湿地公园景观设计研究 [D]. 西安：西安建筑科技大学，2016.
[86] 赵宏伟，穆平. 秦皇岛市生态环境质量状况及保护对策 [J]. 中国环境管理干部学院学报，2002，(2)：10-14.
[87] 赵纪军. 现代与传统对话苏联文化休息公园设计理论对中国现代公园发展的影响 [J]. 风景园林，2008 (2)：53-56.
[88] 赵晶，朱霞清. 城市公园系统与城市空间发展——19 世纪中叶欧美城市公园系统发展简述 [J]. 中国园林，2014，30 (9)：13-17.
[89] 郑曦. 当代植物园规划策略 [J]. 中国园林，2012，28 (6)：54-59.
[90] 周聪惠，张彧. 高密度城区小微型公园绿地布局调控方法 [J]. 中国园林，2021，37 (10)：60-65.
[91] 周建猷. 浅析美国袖珍公园的产生与发展 [D]. 北京：北京林业大学，2010.
[92] 朱建宁. 西方园林史 [M]. 北京：中国林业出版社，2008.

［93］住房和城乡建设部. 风景园林制图标准：CJJ/T 67—2015［S］北京：中国建筑工业出版社，2015.

［94］住房和城乡建设部. 风景园林基本术语标准：CJJ/T 91—2017［S］. 北京：中国建筑工业出版社，2017.

［95］住房和城乡建设部. 城市绿地分类标准：CJJ/T 85—2017［S］. 北京：中国建筑工业出版社，2017.

［96］住房和城乡建设部. 公园设计规范：GB 51192—2016［S］. 北京：中国建筑工业出版社，2016.

［97］中国建筑标准设计研究院. 建筑场地园林景观设计深度及图样：06SJ805［S］. 北京：中国计划出版社，2006.

［98］Donald M. Kent. Applied Wetlands Science and Technology[M]. USA: CRC Press LLC, 2001.

［99］Elliott P A. The Derby Arboretum (1840): the first specially designed municipal public park in Britain [J]. Midland History, 2001, 26(1): 144-176.

［100］Laura E, Jackson. The Relationship of Urban Design to Health and Condition[J].Landscape and Urban Planning, 2003, 64(4): 191-200.

［101］Robert L. France. Principles and Practices for Landscape Architects and Land Use Planners[M]: New York:W. W. Norton & Company, 2002.

［102］BO Landscape Architecture. 宾亚米纳体育公园，以色列［EB/OL］.（2021-01-18）［2023-05-16］. https://www.gooood.cn/sport-promenade-binyamina-by-bo-landscape-architecture.htm.

［103］中 山 岐 江 公 园［EB/OL］.（2018-07-05）［2023-05-21］https://www.turenscape.com/project/detail/4657.html.

［104］美国谢尔比农场公园［EB/OL］.（2019-03-06）［2023-06-04］https://bbs.zhulong.com/101020_group_201864/detail39386056/.